KB153116

Better on TOAST

Better on TOAST

간편한 저칼로리 건강 토스트 70

질 도넨펠트 지음 | **차유진** 옮김

페이퍼스토리

경청하는 법을 안다면, 누구나 구루가 될 수 있다.

_람 다스

처음부터 함께한
제인 프라이와 인턴 친구들에게

contents

집에서 쉽게 만들어 먹는
토스트

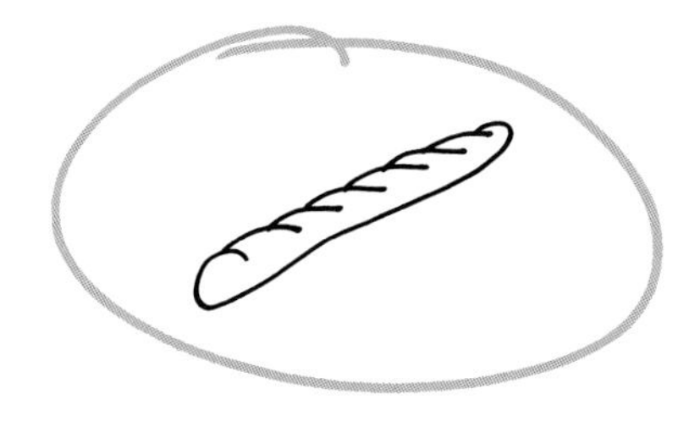

제임스 비어드는 "좋은 빵은 모든 음식들을 만족시키는 가장 근본적인 것이다. 그리고 빵은 신선한 버터와 최상의 효모들로 이루어져 있다."고 말했다. 이것은 가장 기본적이며 모두가 가장 탐내고 갈망하는 것이다. 옛날부터 좋은 빵은 우리를 식탁으로 데려가 하루를 시작하게 하고, 또한 행복한 식사시간의 시작을 열어주었다.

지금은 문을 닫은 뉴욕의 이스트사이드에 위치한 식당에서 나는 웨이트리스로 일을 시작했다. 나는 언제나, "웨이트리스는 내가 가장 좋아하는 직업"이라고 말한다. 나는 음식, 음료와 함께 중요한 위치에 서서 사람들의 첫 번째 데이트를 완벽한 페이스로 이끄는 막중한 책임을 지는 것이 좋았다. 이 직업의 가장 좋은 부분은 빵과 버터였다. 오너 셰프인 줄리와 테샤는 허브 버터를 만들었고, 그 허브 버터를 작은 접시에 덜어 그 위에 소금을 뿌리고, 손님이 주문을 하면 테이블에 허브 버터를 가져다주는 것도 내가 맡은 일이었다. 딱 알맞은 온도의 버터와, 신선하고 끈적끈적한 풀맨 로프(Pullman loaf, 네모나게 구워낸 샌드위치용 식빵)가 나오면 모든 테이블에 가서 더 필요한 것이 없는지 물어봤다.

손님들은 행복했고, 파니니팬을 발견한 덕분에 나는 더욱 행복했다.

서비스 빵을 세팅한 다음, 나는 남은 버터를 내가 바를 수 있는 한 많은 빵에 바르곤 했다. 그리고 그 빵들을 파니니팬에 눌러 완벽한 토스트를 구워냈다

토스트를 만드는 일은 내가 계속 이 일을 사랑하면서 일하게 만들어줬고, 부서 이동을 할 때에도 나는 더 많은 토스트를 만들고 싶어했다. 갓 구워낸 따뜻한 토스트. 바삭한 껍질에, 가운데는 살짝 부드럽고, 버터에 구운 허브를 켜켜이 바른 그 토스트의 맛은 책을 쓰는 길로 나를 이끌었다.

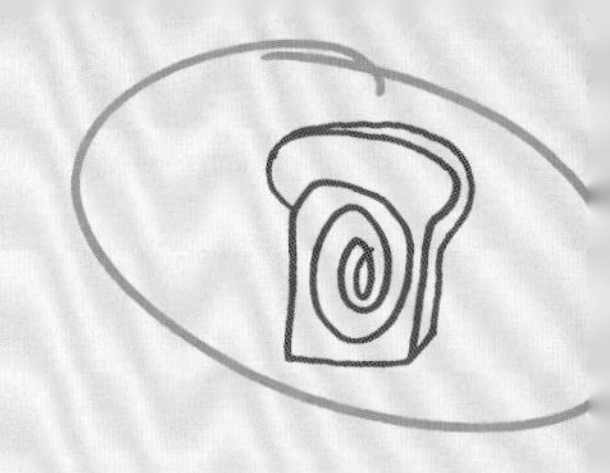

1 빵

Bread

뉴욕에서 나는 최고로 맛있는 빵들에 둘러싸여 있었다. 브레드 베이커리Breads Bakery와 메종 카이저Maison Kayser만이 나의 꿈은 아니었다. 그 가게들은 유니온 스퀘어에 있다. 브루클린의 비엥 퀴Bien Cuit와 러너 & 스톤Runner & Stone은 지하철을 타고 갈 만한 가치가 있다. 여기에는 에이미스 브레드Amy's Bread의 클래식한 건포도 세몰리나 빵, 설리번 스트리트 베이커리Sullivan Street Bakery의 피자 비안카, 발타자르Balthazar의 바게트가 있다. 만약 내가 원스톱 쇼핑을 한다고 해도, 딘 & 델루카, 아가타 & 발렌시아, 시타렐라와 홀푸드 모두 훌륭한 셀렉션을 갖추고 있어 아무 문제가 없다.
감사하게도, 내가 뉴욕에 살지 않을 때에도, 나의 주위엔 좋은 빵들로 넘쳐났다. 콜로라도 불더의 홀 푸드는 엄청난 셀렉션을 갖추고 있다. 로스앤젤레스의 허클베리는 훌륭한 잉글리시 머핀을 구워낸다. 신시내티의 세르바티에는 최고의 프레첼이 있다. 우리 동네에선 부부가 경영하는 작은 베이커리에서도 훌륭한 빵 또는 최소한 썩 괜찮은 빵을 어렵지 않게 구할 수 있다.
무엇과도 잘 어울리는 바게트, 커다랗고 둥근 잡곡빵, 샌드위치 식빵과 치아바타, 달콤한 맛의 브리오슈, 할라와 건포도와 크랜베리로 가득한 빵과 시나몬 빵, 호밀의 싸한 맛과 식감이 좋은 통곡물 빵 등등. 만약 당신이 식사로 대신할 짭짤한 한 조각을 원한다면 올리브, 호두, 로즈마리와 파마산치즈가 들어 있는 빵도 있다. 빵을 마법사처럼 만드는 친구가 있어 배울 수도 있지만 나는 빵을 직접 만들지는 않는다. 빵 굽기 마법을 연마할 시간이 없다면, 찾을 수 있는 가장 좋은 품질의 빵을 구입하면 된다. 내 레시피는 간단하므로 좋은 재료를 구입하는 것이 중요하다. 빵은 프로 베이커에게 맡기고 나는 잘 구운 바삭한 빵 위에 좋아하는 것을 올리기만 하면 된다.

토스트

내가 이 책에서 이야기하려는 것은 로켓 과학이 아니다. 심지어 분자요리도 아니다. 어떠한 테크닉, 문화나 영양을 섭취하는 구체적인 방법도 아니다. 음식은 따뜻하고 바삭바삭한 빵 위에 얹어 먹었을 때, 맛이 더 좋다. 이것은 본능적인 것이다. 우리는 여러 사람과 함께 식사를 한다. 이것은 신체적인 배고픔뿐 아니라 함께 나누고 싶은 욕구도 충족시킨다.

빵은 그 자체로도 아름답지만 완벽하지는 않다. 자르지 않은 한 덩어리의 빵은 아무 생각 없이 앉은자리에서 쉽게 먹어치울 수 있어 위험하다. 그렇지만 만약 빵 위에 몇 조각의 연어나 아보카도 또는 단순하게 저민 홍당무라도 올려 먹는다면 완벽하게 만족스러워질 뿐만 아니라 식탐에 빠지지 않을 수 있다.

타르틴(Tartine, 프랑스에서 유래한 요리로 빵 위에 버터나 잼 혹은 햄, 치즈, 채소 등 다양한 재료를 얹어 먹는 오픈 샌드위치) 또는 스뫼레브뢰드(Smørrebrød, 버터를 바른 호밀빵 위에 절임 청어, 얇게 저민 고기 등을 올린 덴마크식 오픈 샌드위치)는 보편적이면서 들고 다니면서 먹기 편하다. 파티에서 즐겁게 놀고 싶다면 한입 크기의 토스트를 잔뜩 쌓아 가져가라. 토스트는 친구에게 문자를 보내거나, 감사편지를 쓰거나, 이메일을 보내거나 또는 다른 손으로 마스카라를 바르면서 한 손에 들고 먹을 수 있다. 토스트는 심플한 토스트로도 충분히 만족스럽고 매력적이지만 토핑을 얹는 것으로 창의력을 발휘할 수 있다. 토스트는 당신만의 미식 탐험이 될 수 있다. 바게트로 시작하면 프랑스 미식의 문을 열어젖히는 것이 된다. 만약 당신이 검은 빵으로 시작한다면 무언가 크리미한 것 또는 약간 짭짤한 것을 얹어 먹어보라고 하고 싶다. 버터를 바르지 않거나 살짝 구운 빵에 마요네즈를 바른 토스트는 어떨까? 얇게 자른 빵과 두툼하게 자른 빵? 어느 것을 더 좋아하는지? 정확히 당신이 원하는 무수히 많은 토스트를 만드는 방법이 있고 또 이미 당신이 찬장에 쌓아놓은 무수히 많은 재료로 창조할 수 있는 방법이 있다. 토스트는 달걀과 함께 아침으로 먹을 수도 있고, 점심이나 저녁으로도 먹을 수 있다. 또는 간식이나 에피타이저가 될 수도 있다.

나는 심플하게, 재료와 테크닉을 최소화한 토스트를 만드는데 다양한 풍미를 켜켜이 쌓는 것을 즐긴다. 책에서 소개하는 레시피들은 융통성 있게, 즉흥적으로 변형시킬 여지가 있는 것들이다. 대체할 수 있는 재료들과 만들기 쉬운 방법, 그리고 팁을 달아두었다. 토스트는 요리 기술의 숙련도나 주방의 종류와는 상관없이 누구나 만들 수 있다. 그리고 언제 어디서나 간편하게 먹을 수 있다. 이스트사이드의 허브를 바른 따뜻한 빵은 나를 토스트의 세계로 이끌었고 나는 여전히 얇게 자른 빵보다 더 좋은 것은 없다고 믿는다. 하지만 얇게 자른 빵보다 더 좋은 것은 그 빵으로 만든 토스트이다. 토스트는 한 끼 식사로도 충분하다. 다양한 토핑으로 나만의 토스트를 만들어 보자. 토스트 만세!

oil
Mayo
parmesan
spice
grill
butter

herbs

TOASTING TECHNIQUES

토스트 맛있게 굽는 방법 책에 소개한 레시피들은 어떤 타입의 빵으로도 즐길 수 있고 다양한 방법으로 빵을 굽는 방법이 언급되어 있다. 게다가 어떤 레시피들은 특별하게 재료들을 타임버터와 로즈마리 오일과 같은 재료들을 사용하는 다양한 토스트 기법을 알려준다.

plain old toast

팬 토스트

1. 팬의 바닥을 충분히* 덮을 정도의 넉넉한 양의 올리브오일을 무쇠팬에 넣고 센불로 가열한다.
2. 오일이 뜨거워지면, 팬에 빵을 올린다. 빵이 너무 빠르게 갈색으로 변하면 불을 줄인다. 토스트가 노릇해질 때까지 2~3분 동안 굽다가 뒤집어 다시 다른 면을 굽는다.
3. 원하는 만큼의 굵은 소금을 뿌려 마무리한다.

* 만약 당신이 정말로 진한 맛을 원한다면 토스트가 반 정도 잠길 만큼의 오일을 부은 다음 위와 같이 구워라. 이것은 '흠뻑 적셔' 팬에 굽는 토스트이다.

스파이스 팬 토스트

1. 팬의 바닥을 충분히 덮을 정도의 넉넉한 양의 올리브오일을 무쇠팬에 넣고 가열한다.
2. 센불로 달군다.
3. 오일에 빵을 올린 다음 집게로 뒤집어 오일을 양면에 묻힌다. 빵 위에 당신이 선택한 향신료나 월계수 잎, 말린 오레가노, 갈릭 파우더, 말린 겨자씨, 말린 딜이나 맛있는 라스 엘 하누트(주로 카다몸, 클로브, 시나몬, 고춧가루, 고수 잎, 큐민, 후추, 파프리카, 페뉴그릭과 강황의 조합) 등 말린 허브를 빵 위에 뿌리면 그야말로 '죽이는' 토스트가 된다.
4. 오일이 뜨거워지면, 빵을 뒤집어 향신료가 묻은 면이 아래로 가게 한다. 향신료, 말린 허브를 다른 면에도 뿌려주고 노릇노릇 익을 때까지 2~3분 익혀준다.

마요네즈 또는 버터 팬 토스트

1. 자른 빵의 양면에 마요네즈* 나 버터를 고르게 발라준다.
2. 무쇠팬을 중불에 달궈준다. 오일이 뜨거워지면, 빵을 팬에 넣고 노릇한 갈색이 될 때까지 2~3분 구워준다.
3. 빵을 뒤집어 다른 면도 반복한다.

* 나는 버터보다 마요네즈를 선호하는데 마요네즈가 토스트에 먹음직스러운 갈색 크러스트를 만들어주기 때문이다. 버터를 사용하는 레시피도 다른 요리재료가 빠져나오는 것을 막고 풍미가 유지되도록 지켜주기 때문에 마요네즈를 대체하는 최고의 방법이다.

파마산 팬 토스트

1. 얇게 자른 빵의 양면에 버터를 아주 얇은 층으로 고르게 발라준다. 강판에 간 신선한 파마산을 토스트의 한쪽 면에 올린다.
2. 무쇠팬을 중불에 달궈준다. 팬이 달궈지면, 파마산을 뿌린 면이 아래가 되도록 빵을 팬에 올려주고 노릇노릇한 갈색이 될 때까지 1~2분간 구워준다.
3. 파마산을 뿌리고 빵 위에 달라붙도록 눌러준 다음, 빵을 뒤집어준다. 1~2분간 또는 바닥의 치즈가 녹고 바삭바삭하지만 타지 않을 정도로 구워준다.

오븐 토스트

1. 오븐을 180℃로 예열한다.
2. 기름종이를 깐 팬에 자른 빵을 올려놓는다.
3. 빵에 올리브오일, 버터 또는 마요네즈를 붓질하거나 뿌리거나, 또는 문질러 양면을 코팅한다.
4. 원하는 취향에 따라 노릇하게 될 때까지 5~10분간 오븐에서 굽는다.

허브 오븐 토스트

1. 오븐을 180℃로 예열한다.
2. 블렌더, 또는 푸드 프로세서를 사용하여 넉넉한 양의 올리브오일이나 버터를 당신이 선택한 허브와 함께 갈아준다(다진 바질과 타임, 로즈마리 또는 다진 세이지 또는 네 가지 모두).
3. 기름종이를 깐 팬에 빵을 올려놓는다.
4. 빵의 양면에 허브오일이나 버터를 붓질하거나 뿌리거나, 또는 문지른다. 취향에 따라 노릇한 갈색이 될 때까지 5~10분간 오븐에서 굽는다.

그릴 토스트

1. 그릴*이나 그릴팬을 중불에서 달군다.
2. 빵의 양면에 올리브오일을 발라준다. 빵이 노릇해지고 진한 그릴 자국이 생길 때까지 2~3분간 구워준다.
3. 뒤집어서 다른 면도 반복한다.

* 허브오일이나 파마산 역시 그릴에서 사용할 수 있다. 그렇지만 파마산의 경우 한 면을 굽고 뒤집은 다음 파마산을 뿌려 녹인다.

플레인 올드 토스트

만약 기름기가 많지 않게 내놓고 싶다면 오븐, 토스터 또는 오븐토스터에 자른 빵을 넣고 가열해 빵이 황금빛이 될 때까지 구워준다. 180℃는 빵을 계속 지켜볼 수 있게 해주는 중립적인 온도이다. 원하는 취향에 따라 5~10분간 구워준다. 토스터에서는 5분 간격은 실수를 범하기 쉽다. 기계에 따라서 강약을 조절하라.

토스트를 위한 몇 가지 포인트

만약 한 번에 많은 양의 빵을 구우려면 오븐 토스트 방법을 선택하는 게 좋다. 또는 팬 토스트로 여러 번 굽고 빵을 호일로 느슨하게 싸서(숨 쉴 공간을 남겨둬라) 오븐팬에 넣고 90℃ 정도의 오븐에서 따뜻하게 데운다. 빵의 두께는 포화지방과 굽는 시간에 영향을 미친다. 토핑으로 너무 딱딱해지지 않게 하려면 너무 오래 굽지 말아야 한다. 부드러운 빵(부드러운 껍질의)은 두껍게 잘라도 좋다. 빵은 더욱 촉촉한 식감을 준다. 그리고 빵을 자를 때는, 길고 날카로운 칼이나 빵칼을 사용하는 게 좋다. 빵칼은 더 쉽고 깨끗하게 빵을 잘라준다.

견과류

견과류를 굽는 것은 빵을 굽는 것만큼이나 쉽다!
견과류를 팬에 넣고, 중불로 올려 스푼으로 뒤적이며 4~8분 정도 구워준다(잣이나 크기가 작은 견과류들은 타기 전에 불을 끈다).
견과류가 알맞게 구워지면 플레이트나 페이퍼타월에 펼쳐 식힌다.

글루텐 없이도 뛰어난 다재다능 만능 빵

얼마 전 조촐한 모임이 있었다. 즉흥적으로 연 모임이어서 나는 세 종류의 빵과 크래커 하나를 샀고 부드러운 치즈를 조금 만들었다. 그리고 연어알과 마리네이드 토마토와 올리브를 준비해 각자 만들어 먹을 수 있게 재료를 테이블에 늘어놓았다. 소박한 이 모임을 준비하는 데 큰 부담은 없었다. 그런데 손님 중에 글루텐을 먹지 못하는 사람이 있어서 나는 그녀가 먹을 수 있는 빵을 찾고 사는 데 노력을 기울였다.

그런데 알고 보니 그 빵이 너무나도 맛있어서 모두들 그 빵이 글루텐 프리인 줄 모르고 걸신들린 듯 먹어치웠다. 이것은 크랜베리 월넛, 치아바타와 펜넬시드 크래커의 훌륭한 셀렉션 가운데 그저 가장 맛있는 빵 덩어리에게 일어난 일이었다.

빵을 쫄깃쫄깃하고 폭신폭신하고 멋지게 만들어주는 글루텐은 밀가루 안의 단백질이 물과 혼합될 때 형성된다. 이것은 마법이다. 하지만 많은 사람들을 병들게 만드는 물질이기도 하다. 요리책에서 빵 레시피를 하나도 넣지 않는 건 좀 이상해 보이기 때문에, 전 세계에서 빵을 위해 삶을 바친 베이커들이 마법을 부리며 만들어내는 수많은 빵들과 경쟁할 필요없는 빵 레시피를 하나 소개하려 한다.

대부분의 식료품점과 베이커리에서 맛있는 글루텐 프리 빵을 찾기는 힘들다. 그렇지만 맛있는, 홈메이드, 다용도로 쓸 수 있으며 단지 글루텐 프리 다이어트를 하는 사람들만을 위한 것이 아닌 글루텐 프리 빵을 생각해보자. 빵을 만드는 일은 강도 높은 노동이 아니며 온라인으로 쉽게 재료를 주문할 수 있다. 최소한 한 번은 시도해보자.

이것은 토스트 안에 들어가는 것에 대한 것이지 버려지는 것에 대한 것이 아니다.

퀴노아 밀레 브레드

Quinoa – Millet Bread

이 빵은 밀가루 대신 현미와 퀴노아 가루를 사용한다. 이 레시피에서 한 가지 '특이한' 재료는 잔탄검인데, 이것은 가루에 들어가 유화제, 점증제, 그리고 글루텐 대용으로 쓰이는 설탕발효 식물 박테리아이다. 무서워할 필요는 없다. 이 빵은 팬에 굽거나, 그릴에 굽고, 튀기거나 마늘을 바르는 데 적합하고, 모든 토스트 방법에 환상적으로 완벽하다. 퀴노아빵은 대단히 흡수성이 높다. 또한 달콤하고 향긋한 토스트의 토대 역할을 하고 4~5일 동안 부드러움이 유지된다.

재료 · 만들기(토스트 1장)

- 활성 드라이 이스트 10ml
- 따뜻한 물(35~37℃사이*) 375ml
- 꿀 1큰술
- 현미 가루 375g
- 퀴노아 가루 125g
- 으깬 아마씨 60g
- 감자 전분 185g
- 수수 125g
- 잔탄검 4작은술
- 소금 2작은술
- 올리브오일 4큰술
- 달걀 3개와 달걀 흰자 3개
- 애플사이다 식초 1작은술

1. 작은 볼에 이스트와 물, 그리고 꿀을 넣어 섞고 10분 정도 가만히 둔다. 거품이 일어나야 한다.
2. 이스트가 활성화되기를 기다리는 동안 중간 크기의 소스팬을 중강불에 올리고 현미 가루, 퀴노아 가루, 으깬 아마씨를 넣는다. 갈색으로 바삭해질 때까지 7~10분간 저어가며 볶는다. 구워진 가루를 식힌 뒤 감자 가루, 수수, 잔탄검, 소금을 넣고 섞는다.
3. 중간 크기의 볼에 오일, 달걀 흰자와 애플사이다 식초를 넣고 젓는다.
4. 섞은 가루들을 믹서로 옮긴다. 이스트를 넣고 합쳐질 때까지 믹서에 돌린다. 오일과 달걀 섞은 것을 더하여 계속해서 2~3분간 부드러운 반죽의 형태가 될 때까지 섞는다(또는 8~10분 동안 손으로 섞는다).

* 상온의 물을 37℃가 되도록 전자레인지에 1분간 돌린다. 손가락을 담갔을 때, 그렇게 뜨겁게 느껴지지는 않을 정도이다. 만약 물이 너무 뜨거우면 빵을 부풀어 오르게 하는 이스트를 죽일 수 있다.

5. 빵틀에 오일을 가볍게 바른다. 준비한 빵틀에 반죽을 옮기고 2배로 부풀 때까지 1~2시간 따뜻한 곳에 놓아둔다.
6. 오븐을 180℃로 예열한다.
7. 빵이 노릇노릇한 갈색이 될 때까지 45분~1시간 동안 굽는다. 온도계가 있다면, 빵 속 온도가 70℃가 되는지 확인하라. 그렇지 않다면 느낌으로 알아야 하는데, 이쑤시개를 가운데 꽂아 묻어나는 것 없이 깨끗한지 확인하거나 맨 윗부분을 살짝 눌러 탄력이 있는지를 본다. 자르기 전에 빵을 식힌다.

THIS IS GOOD.

변형 레시피

Sweet:

꿀 3큰술, 시나몬 가루 1큰술, 건포도 ½컵을 4번 단계 오일, 달걀 섞은 것을 넣기 전에 더한다. 이 버전은 더 많이 부풀어 오르는데, 추가로 넣은 설탕이 이스트의 먹이가 되기 때문이다.

Savory:

다진 칼라마타 올리브 125g과 줄리엔 썬 드라이 토마토 60g을 4번 단계 오일, 달걀 섞은 것을 넣기 전에 더한다. 확실하게 부풀어 오르도록 좀 더 오래 부풀게 둔다.

Sultry:

다진 로즈마리 2큰술, 파마산 가루 123g, 다진 호두 125g을 4번 단계 오일, 달걀 섞은 것을 넣기 전에 더한다. 이때 치즈는 반죽을 잘 엉기게 해준다. 이 버전이 글루텐을 넣은 빵과 가장 비슷하다.

2 아침식사 토스트

Brekky Toasts

← 팬 토스트를 할 때 빵 중간에 구멍을 만들고
구멍 속에 달걀을 채워 넣는다.

아보카도 클래식

Avocado Classic

아보카도 토스트는 매우 간단하지만 아마도 토스트로 가득한 이 책에 반하게 되는 시작이 될 것이다. 아보카도 토스트는 삶의 방식이다. 이 토스트를 소호의 지탄카페에서 처음으로 맛본 이후 나는 이 빵을 주위 사람들에게 추천했고, 모두가 만족스러워했다. 이 멋진 토스트를 당신 스스로에게 자주 선물할 것!

재료 · 만들기(토스트 4장)

- 잘 익은 아보카도 2개, 껍질을 벗기고 씨를 발라낸다.
- 신선한 레몬즙 3~4큰술
- 소금 약간
- 레드칠리페퍼 가루 약간
- 1.2cm 두께로 자른 곡물이 가득 든 빵 4조각, 팬 토스트한다.(16쪽 참조)
- 올리브오일 2큰술
- 레몬 1개, 4등분한다.

1. 중간 크기의 볼에 아보카도, 레몬즙, 소금을 넣고 포크를 사용하여 으깬다.
2. 토스트에 으깬 아보카도를 얹는다. 레드칠리페퍼 가루, 오일을 뿌린다.
3. 각각의 토스트에 4등분한 레몬을 곁들여 테이블에서 먹기 전에 짜서 아보카도 위에 뿌린다.

훈제 송어와 자몽

Smoked Trout and Grapefruit

남자친구가 나에게 해주었던 가장 멋진 일은, 내가 없을 때 내 아파트에 와서 최고급 자몽을 한 통 가득 다듬어 채워넣은 다음, 껍질들도 다 치워놓고 사라진 것이다. 최고급 과일 한 조각은 그 자체로 사치이기도 하면서 고통이다. 과즙이 사방으로 튀기 때문이다. 과즙으로 지저분해지는 것은 걱정하지 말자(또 정리해줄 남자친구를 만나면 되니까). 아침식사로 좋은 떠먹는 자몽을 응용한 토스트 레시피를 소개한다.

재료 · 만들기(토스트 4장)

- 자몽 1개
- 칼라마타 올리브 60g, 씨를 발라낸다.
- 아가베시럽 2작은술
- 올리브오일 2큰술
- 신선한 레몬즙 1작은술
- 크렘 프레쉬 2큰술
- 0.6cm 두께로 자른 통밀, 호밀 또는 소맥빵 4조각, 오븐에 굽는다.(18쪽 참조)
- 오이 1개, 껍질을 벗기고 깍둑썰기를 한다.
- 훈제 송어 30g
- 레몬제스트 1작은술

1. 자몽은 양 끝을 잘라낸 뒤 껍질을 벗겨내고 중과피를 제거한다. 위에서 아래로 반으로 잘라 반달 모양으로 썬다. 자몽 과육을 떼어낸다.
2. 올리브오일, 아가베시럽, 레몬즙을 푸드 프로세서나 유화 기능이 있는 블렌더에 넣고 부드러워질 때까지 돌린다. 완성된 크림은 그릇에 옮겨 담아 크렘 프레쉬와 섞는다.*
3. 토스트에 올리브크림을 바른다. 자몽을 얹고 그 위에 깍둑썰기한 오이와 훈제 송어를 올린다. 레몬제스트를 뿌린다.

* 크렘 프레쉬 대신 사워크림을 사용할 수 있다.

피클로 만들고 싶다면? 오이 대신에 펜넬 피클을 넣는다. 작은 소스팬에 물 ½컵, 샴페인 식초 ½컵, 소금 1작은술, 설탕 2작은술을 넣고 끓인다. 펜넬 구근을 매우 얇게 썰고 신선한 타라곤 잎 몇 장과 함께 볼에 넣는다. 뜨거운 피클초를 펜넬 위에 붓는다. 식힌 다음, 물은 따라버린다. 펜넬 피클은 냉장고에서 최소한 1개월 이상 보관이 가능하다. 피클 물을 버리지 않고 오랫동안 담가둘수록 더욱 산미가 강해진다.

OF MY LIFE

토가라시 에그 샐러드

Togarashi Egg Salad

많은 사람들이 에그 샐러드를 그리 좋아하지는 않는다. 그렇다면 참깨, 오렌지 껍질, 고춧가루와 생강을 섞어 만든 시치미 토가라시를 써보는 건 어떨까. 차조기 차를 곁들이면 좋다.

재료 · 만들기(토스트 4장)

- 달걀 8개
- 마요네즈 2작은술
- 쌀 식초 1큰술
- 시치미 토가라시 약간
- 소금 약간
- 방금 간 통후추 약간
- 셀러리 줄기 1개, 작게 깍둑썰기한다.
- 루꼴라 125g
- 1.2cm 두께로 자른 곡물빵 4조각, 가볍게 오븐에 굽는다. (18쪽 참조)
- 차조기 잎 2장, 잘게 채 썬다.
- 차로 마실 차조기 잎 4장

1. 완숙 달걀 : 중간 크기 냄비에 물을 넉넉히 채우고 끓인다. 조심스럽게 달걀을 넣고 뚜껑을 닫아 9~10분간 익힌다. 뜨거운 물을 따라내고 차가운 물속에서 30초 정도 굴려가며 식힌다.*
2. 달걀 껍질을 벗기고 6개는 중간 크기의 볼에 넣는다. 남은 2개의 달걀은 흰자만 벗겨 볼에 넣고 노른자는 다른 용도로 사용하도록 따로 남겨둔다. 마요네즈, 식초, 토가라시**, 후추와 소금을 넣는다. 포크의 뒷날로 으깨준다. 너무 세게 으깨지는 말것. 셀러리를 섞어준다.
3. 토스트에 루꼴라를 얹고 그 위에 에그 샐러드를 올린다. 채 친 차조기 잎을 맨 위에 뿌려준다.

Shiso Tea

끓는 물에 차조기 잎을 담가 차조기 차를 만들자.- 짜잔!!

* 달걀 가운데가 단단해지도록 좀 더 삶는 것을 제외하고 구루테크닉과 같다.

** 시치미 토가라시[七味唐辛子]는 고추, 후추 등 7가지 재료를 섞어 만든 일본 고유의 향신료이다.

굴 오믈렛

Oyster Omelet

굴 오믈렛은 그야말로 천국의 맛이다. 특히 케첩과 함께 먹으면 최고다(부끄럽지만 나는 아직도 케첩을 애용한다). 나는 잉글리시 머핀 위에 두껍게 바르는 버터만큼이나 내 오믈렛에 케첩을 듬뿍 바르는 것을 좋아한다. 내 달걀이 진홍색 소스로 범벅이 되어 미끌거리는 것이 좋다. 어쨌든 케첩은 스리라차 소스와 비슷하다. 케첩에 스리라차와 간장 몇 방울을 섞으면 전혀 다른 맛이 난다.

재료 · 만들기(잉글리시 머핀 1개)

- 케첩 2작은술
- 스리라차 2작은술
- 간장 아주 조금
- 무염 버터 ½큰술
- 달걀 1개
- 달걀 흰자 2개
- 껍질을 벗긴 신선한 굴(또는 병조림) 4~5개
- 다진 물냉이 60g
- 잉글리시 머핀 1개, 오븐 토스트한다.(18쪽 참조)
- 방금 간 통후추

1. 케첩, 스리라차와 간장을 작은 볼에 섞어둔다.
2. 작은 크기의 팬을 중불로 달구고, 버터를 넣어 팬을 고르게 코팅한다.*
3. 달걀과 달걀 흰자를 볼에 넣고 잘 젓는다. 팬에 달걀을 올린 다음에는 젓지 말고 그대로 두었다가 1분 뒤에 굴을 올린다.

* 잉글리시 머핀의 반 정도 되는 사이즈로 베이비 오믈렛을 만들길 원한다면 사진과 같은 작은 무쇠 롯지팬이 매우 편리할 것이다. - 이 팬은 잉글리시 머핀을 만들기에 거의 완벽한 사이즈이다. 재료를 나누고 반만 준비하면 된다. 옮겨놓으면, 에그 맥머핀이다.

4. 달걀이 익기 시작하면 2~3분 정도 두었다가 물냉이를 넣는다. 달걀이 다 익으면 밑에서 ⅓ 접고 위에서 ⅓ 접은 다음 뒤집는다. 뒤집고 나서 1~3분 정도 더 익히고 반으로 자른다.
5. 케첩 소스를 토스트한 잉글리시 머핀에 듬뿍 바르고 그 위에 오믈렛을 얹고 통후추를 갈아 뿌린다.

YOU HEARD IT HERE SECOND: SMOKED SALMON

훈제연어 컴비네이션

새로운 것은 아무것도 없다. 단지 진짜, 진짜 맛있다. 훈제연어는 사이즈, 모양, 그리고 맛까지, 토스트를 위해 최적화된 재료이다. 다양한 변형 메뉴를 알아보자.

훈제연어 + 아보카도 + 신선하게 짠 오렌지즙

훈제연어 + 케이퍼 블랙 올리브 + 레몬

훈제연어 + 다듬은 숙주 + 무청

훈제연어 + 스크램블 에그 + 양파

훈제연어 + 리코타 + 오이

훈제연어 + 리예트 + 피클

훈제연어 + 허브를 넣은 염소치즈(67쪽 참조)

훈제연어 + 크림치즈 + 홀그레인 스위트 머스터드

훈제연어 + 완숙 달걀 + 버터

훈제연어 + 토가라시 에그 샐러드(33쪽 참조)

훈제연어 + 스위트피 퓨레(134쪽 참조)

훈제연어 + 먹고 남은 화이트 피자

리예트

Rillettes

- 올리브오일 1큰술
- 샬롯 1개, 다진다.
- 화이트와인 1큰술
- 신선한 차이브 다진 것 1큰술
- 크렘 프레쉬 1큰술
- 마요네즈 1큰술
- 훈제 연어 115g, 다진다.
- 레몬제스트 1작은술
- 신선한 레몬즙 1큰술
- 맛을 위한 소금과 방금 간 통후추

작은 팬을 중불에 올리고 오일을 두른다. 샬롯을 투명해질 때까지 5~7분간 볶는다. 와인으로 디글레이즈* 또는 와인을 넣어 바닥에 붙은 양파가 없도록 다 긁어준 다음 중간 크기 볼에 옮겨 식힌다. 차이브, 크렘 프레쉬, 마요네즈, 연어, 레몬제스트, 레몬즙, 소금, 후추를 더한 다음 잘 섞는다.

* 디글레이즈 : 볶고 있던 재료에 와인이나 다른 수분을 넣음으로써 순간적으로 바닥에 눌어붙어 있던 것들을 깨끗하게 긁어낼 수 있도록 하는 방법. 익히면서 눌어붙은 부분에 진짜 맛있는 감칠맛이나 풍미가 들어 있기 때문에 바닥에 지나치게 눌어붙거나 태우기 전에 이 방법을 사용해 맛을 보존하는 것이 필요하다.

하리사 스크램블

Harissa Scramble

이 레시피는 내가 보타르가에 홀딱 반해 있던 그 시절, 뉴욕의 한 친구에게 배웠다. 친구는 튀니지 사람인 그의 할머니에게 이 레시피를 배웠는데 그의 할머니는 그를 열정적인 장인으로, 그리고 새로운 맛을 보고 즐기는 것을 절대 지겨워하지 않는 사람으로 만들어주셨다고 한다. 보타르가는 깊은 맛을 내게 해주는 어떤 식재료와도 대체 가능하다(예를 들어 파마산치즈나 육수와 같은). 스크램블 에그 위에 뿌리면 부드럽고 매콤하면서 짭짤한 맛 세 가지를 동시에 맛볼 수 있다. 흔한 서양식 오믈렛이 나오는 24시간 다이너에서 이 북아프리카 풍의 스크램블을 팔면 어떻게 될지 한번 생각해보자.

재료 · 만들기(토스트 4장)

- 달걀 4개
- 다진 양파 ½개
- 하리사 2~3큰술
- 우유 30ml
- 방금 간 통후추 약간
- 무염 버터 1큰술
- 마늘 2쪽, 다진다.
- 1.2cm 두께로 자른 참깨빵 4조각, 버터로 팬 토스트한다. (17쪽 참조)
- 보타르가 30g, 작은 잎 ½개 정도를 강판에 갈아서 사용한다.
- 다진 신선한 파슬리 2큰술

1. 작은 볼에 달걀, 양파, 하리사, 우유와 후추를 섞는다. 잘 섞이도록 힘껏 젓는다.
2. 중간 크기의 팬을 중불에 올리고 버터를 녹여 마늘을 부드러워질 때까지 1분 동안 가볍게 볶는다.
3. 1단계에서 섞은 것을 팬에 붓고 달걀을 요리한다. 스크램블이 고르게 될 때까지 포크를 이용해 뒤집는다.
4. 토스트 위에 스크램블 에그를 올린다. 미세 강판을 이용해서 보타르가를 달걀 위에 갈아 얹은 다음 파슬리를 뿌려준다.

베이컨과 대추야자

Bacon and Date

베이컨은 특별한 대접을 할 수 있는 최고의 재료다. 베이컨에 달콤한 리코타치즈와 설탕을 입힌 피칸을 매치시키면 더할 나위 없이 좋다. 쉽고 간단한 손님 초대용 토스트로도 좋은데, 리코타치즈와 베이컨 한 팩을 접시에 담아놓고 친구들이 직접 자신의 토스트를 만들어 먹게 하면 재미있다.

재료 · 만들기(토스트 6장)

- 대추야자 4알
- 메이플시럽 2큰술
- 리코타치즈 250ml
- 베이컨 4조각
- 황설탕 2큰술
- 피칸 60g
- 오븐에 구운 빵

1. 작은 볼에 대추야자, 메이플시럽과 리코타를 잘 섞어둔다.
2. 중간 크기 팬을 중불에 올리고 베이컨이 바삭해질 때까지 7~10분 정도 익힌다. 베이컨은 페이퍼타월 위에 얹어 기름을 뺀다.
3. 팬에 남은 베이컨 기름에 피칸과 설탕을 넣고 조리한다. 피칸이 구워질 때까지 약 3분 정도 젓는다.
4. 구워낸 토스트 위에 1의 리코타 믹스를 바른다. 그 위에 베이컨 1~2 조각을 올리고 피칸을 뿌려준다.

마다가스카르 바나나

Madagascar Banana

난 이 책을 읽는 당신을 생각해봅니다. 당신이 사랑하는 아보카도 토스트에 대해서도요. 하지만 가끔 달콤한 맛도 느끼고 싶다고요? 음… 마다가스카르에 사는 것은 아주 달콤한 변화입니다. 나는 아보카도와 바나나를 같이 먹는 것을 배웠습니다. 둘 다 마다가스카르에서 아주 풍족하게 자라는 식물이지요. 직접 해보기 전까지는 괴상한 조합이라고 생각하실 겁니다. 당신처럼 나도 아보카도만 넣은 토스트에 푹 빠져 있었거든요. 변화는 힘든 것입니다. 하지만 저를 믿어보세요 여러분. 아마 안타나나리보(마다가스카르의 수도)에 오는 다음 비행기표를 예약하게 될지도 몰라요.

재료·만들기(토스트 4장)

- 얇게 저민 아몬드 2큰술
- 무가당 코코넛 채 2큰술

마다가스카르에서는
쉽게 구할 수 있는데,

- 잘 익은 바나나 1개
- 잘 익은 아보카도 1개, 껍질을 벗기고 씨를 제거한다.
- 신선한 레몬즙 ½작은술
- 소금 ¼작은술
- 1.2cm 두께로 자른 홀그레인 브레드 또는 1.2cm 두께로 자른 퀴노아 밀레 브레드(21쪽 참조) 4조각, 오븐에 굽는다.(18쪽 참조)
- 페타치즈 또는 코티지치즈 3큰술
- 방금 간 통후추 약간

1. 작은 팬을 중불에 올리고, 아몬드와 코코넛을 갈색이 될 때까지 약 4분 동안 자주 저어주면서 볶는다.
2. 중간 볼에, 바나나, 아보카도, 레몬즙과 소금을 넣고 부드러워질 때까지 포크를 사용해서 으깬다.
3. 각 토스트 조각에 바나나 아보카도 섞은 것을 고르게 펴 바른다.
4. 위에 페타치즈 잘게 부순 것 또는 코티지치즈 1큰술을 얹고 볶은 아몬드와 코코넛, 통후추를 갈아 뿌린다(아몬드와 코코넛 볶은 것 없이, 바나나, 아보카도, 치즈만 뿌려 먹어도 좋다).

살구 프렌치토스트

Apricot-Stuffed French Toast

살구는 제철이 되어야 맛볼 수 있는 과일이다. 늦여름이 제철인 이 보석 같은 과일은 행복하게도 내 생일 즈음에 넉넉하게 생산된다. 살구를 이용하지 못했다고 이 프렌치토스트 레시피를 내년 살구 시즌이 될 때까지 묵혀둘 필요는 없다. 망고(신선한 것도 냉동도 좋다), 바나나 또는 사과로 만들어도 된다.

재료·만들기(토스트 4장)

- 신선한 살구 5개, 씨를 발라내고 1.2cm 두께로 썬다.
- 입자가 굵은 황설탕 5큰술
- 강판에 간 신선한 생강 ½작은술
- 레몬제스트 1작은술
- 신선한 레몬즙 2작은술
- 두껍게 자른 할라빵* 4조각
- 달걀 3개
- 우유 750ml
- 퓨어 바닐라 익스트랙 ½작은술
- 시나몬 가루 ½작은술
- 카다멈 가루 ¼작은술
- 무염 버터 3큰술

1. 오븐을 180℃로 예열하고 오븐틀에 기름종이를 깐다.
2. 작은 볼에 살구, 설탕 1큰술, 생강, 레몬제스트와 레몬즙을 섞는다. 최소한 30분에서 2시간 동안 냉장고에서 절이면서 식힌다.
3. 스테이크 나이프 같은, 작은 사이즈의 톱니날 칼을 이용해서 각각의 슬라이스한 빵에 길게 칼집을 넣는다. 빵을 가로로 할 수 있는 한 깊게 자르되 반대편까지 잘리지는 않게 하고 양옆도 0.6cm 정도 남겨놓는다. 빵으로 주머니를 만든다고 생각해볼 것.
4. 레몬즙에 재운 살구를 장식용 몇 조각만 남겨두고 빵에 채워넣는다.
5. 커다란 볼에 달걀, 우유, 설탕 4큰술, 바닐라, 시나몬과 카다멈을 잘 섞이도록 젓는다.
6. 속을 채운 빵을 5단계의 우유 혼합물에 담근다. 빵에 반죽이 충분히 수분을 흡수하면서 모양이 완전히 허물어지지 않을 때까지 10~15초 정도 담근다. 만약 빵이 우유에 완전히 잠기지 않는다면, 뒤집어서 8~10초 정도 더 담가둔다.

* 할라빵 Challah Bread
유대인들이 즐겨 먹는 꽈배기 모양의 빵.
브리오슈같이 맛이 풍부하고 부드럽다.

7. 넓은 스킬렛이나 철판은 높은 온도로 가열한다. 달궈진 팬에 버터를 돌려 녹여준 뒤 불을 약하게 낮춘다. 빵을 올려 황금빛이 될 때까지 앞뒤 3~5분 정도 구워준다. 그 다음 준비해둔 오븐팬에 프렌치토스트를 올려놓는다. 끈적거리는 것을 방지하기 위해 한번 구울 때마다 버터를 새로 발라준다.
8. 오븐틀을 오븐에 넣고 토스트가 완성될 때까지 5~10분 또는 약간 단단해질 때까지 구워준다.
9. 접시에 담고 남겨둔 살구로 장식한다.

- 스킬렛이 너무 뜨겁다면, 토스트를 끝낼 때까지 불을 낮추거나 끌 필요가 있다. 주철팬은 한번 달궈지면 열이 오래간다.
- 만약 프렌치토스트를 미리 만들어두고 싶다면 완성된 토스트를 호일로 덮어서 90℃ 오븐에 넣어 한 시간 정도 보관한다.

그린 구루 에그

Green Guru Eggs

나의 구루는 나에게 완벽한 반숙 달걀을 만드는 법을 보여주었다. 그루 에그는 노른자 한가운데가 아주 살짝 안 익은 채로 남아 있다.

That's a good guru!

재료 · 만들기(토스트 4장)

- 달걀 3개
- 신선한 레몬즙 1큰술
- 올리브오일 2큰술
- 소금 ½작은술
- 잘 익은 아보카도 1개, 껍질을 벗기고 씨를 발라낸다.
- 신선한 차이브 2큰술, 다진다.
- 1.2cm 두께로 자른 호밀빵 4장, 마요네즈 팬 토스트한다.
- 방금 간 통후추 약간

1. 구루의 방법으로(아래 칸 참조) 달걀을 완숙으로 익힌다. 달걀을 5조각으로 자른다.
2. 유화 기능이 있는 블렌더나 푸드 프로세서를 이용해서 레몬즙, 오일, 소금, 아보카도와 차이브를 넣고 잘 섞는다. 필요하다면 물을 조금 넣어 농도를 조절한다. 부드러우면서도 소스처럼 뿌릴 수 있도록 약간 묽은 농도여야 한다.
3. 토스트 위에 각 2~3장의 양상추를 올리고 잘라둔 달걀을 얹는다. 2단계의 소스를 뿌리고 차이브를 고명으로 얹은 다음, 후추를 갈아 뿌린다.

하드보일드 에그

GURU-STYLE

소스팬에 물을 2cm 높이로 채우고 중강불에서 끓인다. 조심스럽게 달걀을 넣고, 뚜껑을 닫아 7~8분 동안, 원하는 촉촉함에 따라 시간을 조절해서 익힌다.
뜨거운 물을 따라버리고 차가운 물에서 30초 동안 달걀을 굴려준 뒤 껍질을 벗긴다.

토마티요 에그

Tomatillo Egg

핫한 여자가 되는 것은 쉽지 않은 일이지만, 여기 핫한 토스트가 있다. 빵 대신 토르티야에 얹어 먹을 수도 있고 코티야치즈를 곁들여도 좋다. 만들어둔 으깬 콩과 소스를 이용해 며칠간은 이 달걀 토스트를 먹을 수 있다.

... SO YOU CAN HAVE EGGS FOR DAYS.

재료 · 만들기(토스트 8장)

- 1.2cm 두께로 자른 사워도우 브레드 또는 호밀빵 8조각
- 반으로 자른 마늘 5쪽
- 올리브오일
- 껍질을 벗긴 중간 크기의 신선한 토마티요 10개 또는 토마티요 통조림 360g, 물을 따라낸다.
- 다진 고수 1컵
- 다진 양파 1컵
- 소금 ½작은술
- 방금 간 통후추 ½작은술
- 블랙빈 425g 통조림 1개, 물에 헹군다.
- 익은 아보카도 1개, 씨를 발라내고 껍질을 벗긴다.
- 신선한 라임즙 2큰술
- 달걀 8개
- 크렘 프레쉬 4큰술

1. 빵에 마늘을 세게 문질러준다(마늘은 남겨둔다). 중불에서 커다란 스킬렛을 달구고 오일을 넣고 빵을 팬 토스트한다.
2. 토마티요 소스를 만들기 위해 토마티요를 소금물에서 부드러워질 때까지 6~10분간 끓인다(토마티요 통조림을 사용한다면 이 과정은 생략한다). 블렌더를 사용하여 토마티요, 남겨둔 마늘, 고수, 할라피뇨, 양파, 소금과 후추를 부드러워질 때까지 퓨레 상태로 간다. 약간의 물을 더해 묽어지게 한다.*
3. 중간 크기의 볼에 블랙빈, 아보카도, 라임즙을 넣고 약간의 덩어리가 남게 으깨어준다. 각각의 토스트에 적당히 바른 다음 잠시 둔다.

* 오븐을 켜고 싶은 기분이라면 토마티요를 삶는 대신 오븐에서 구울 수 있다. 종이 같은 껍질을 벗기고 200℃ 오븐에서 10~12분간 구워준다.

4. 커다란 팬을 강불에 올려 토마티요 소스를 데운다. 뜨거워지면 달걀 2~3개를 소스 안에 넣고 흰자가 불투명해지고 노른자는 여전히 촉촉한 상태가 되도록 4분간 익힌다. 소금과 후추로 간을 한다. 구멍이 뚫린 긴 스푼으로 달걀을 떠서 토스트 위에 올린다.
5. 소스가 조금 되직해지도록 약 5분간 졸이다가 불에서 내린다. 크렘 프레쉬를 넣고 섞어주고 각각의 토스트에 부어준다. 남은 고수와 후추를 얹는다.

접시 채우기

토스트에 으깬 블랙빈-아보카도를 곁들이고,
달걀을 옆에 얹어 완벽한 아침식사 플레이트를 완성한다.

라벤더 리코타

Lavender Ricotta

기본 토스트를 매일 즐기는 사람들은 알아야 한다. 리코타치즈는 토스트 세계에서 중요한 위치를 차지한다. 다르게 말해 나는 규칙적으로 하는 몇 가지가 있다. 매일 푸시업 20개를 하고 감사일기를 쓴다. 가방에 전조등을 넣고 다니고 종종 만능칼도 가지고 다니며 씹어 먹는 비타민 C를 챙겨 먹는다. 치실은 규칙적으로 사용하지 못하지만, 나는 리코타치즈를 만든다. 리코타치즈는 어이없을 정도로 만들기 쉽지만, 완벽하게 뛰어난 맛이다. 이것은 두루두루 사용할 수 있고, 근본적으로 실패할 염려가 없는 음식이다. 아침에 리코타를 먹으면 하루 종일 황실에 있는 것 같은 기분을 느낀다. 만들어 먹는 것이 사 먹는 것보다 비용도 적게 들고 훨씬 맛있다. 약간의 자만심을 더하기 위해 라벤더 리코타를 만들어보는 건 어떨까? 맛있는 음식에 라벤더 리코타를 함께 얹어 사람들에게 대접하면 그 맛으로 나는 더 인기를 끌게 될 것이다.

재료 · 만들기(리코타 1~1½컵)

- 우유 750ml
- 생크림 125ml
- 소금 ½작은술
- 라벤더 2큰술
- 2cm 길이의 신선한 생강 1개, 껍질을 벗겨 얇게 채 썬다.
- 신선한 레몬즙 2큰술

치즈를 거를
거즈 천이 필요하다.

1. 우유, 생크림, 소금, 라벤더와 생강을 중간 크기 소스팬에 넣고 중불에서 타지 않도록 자주 저어가며 약 10분 동안 끓인다.
2. 체나 거름망에 거즈를 깔고 중간 크기 볼 위에 걸친다. 1번 단계에서 끓인 우유를 체에 거르고, 걸러진 생강과 라벤더는 버린다.
3. 우려낸 우유는 팬에 다시 붓고, 팬을 중약불에 올린다. 레몬즙을 더하고 계속해서 저어가며 보글보글 끓인다. 약 2분 후 고체가 액체로부터 떨어져나가기 시작하면서 우유가 분리되기 시작할 것이다.

우유가 분리되도록 오래 놔두면 놔둘수록 치즈는 단단해질 것이다.

4. 새 면포를 깐 체나 거름망을 볼 위에 걸쳐놓고 면포 위로 분리된 혼합물을 붓고, 물기가 빠지도록 1시간 정도 놔둔다(물기를 빼는 시간이 굳기와 농도에 영향을 미친다는 것을 기억하고 당신의 취향에 따라 진행하라). 액체는 버리고 리코타를 그릇에 옮긴다. 차갑게 식혀 3일 이내에 먹는다.

* 라벤더 훼이(유장)를 사용해서 현미를 요리하라. 훼이라이스는 정말 맛있다. 만약 리코타를 만들 기분이 아니라면 리코타를 사서 토스트에 얹어라. 만약, 칼로리를 약간 줄이는 방법을 찾는다면 코티지치즈를 사용할 수 있다. 당신은 여전히 공주님이다. 내가 리코타를 좋아하는 만큼 당신이 행복하길 바란다.

Another awesome use for lavender:

라벤더를 이용하는 다른 방법 새우를 끓일 때 냄비에 라벤더를 첨가하라. 라벤더, 월계수 잎, 설탕과 소금은 단순한 새우칵테일을 우아하고 미묘한 변화가 있는 음식으로 바꿔준다. 또 188쪽의 스위트 토스트를 참고하라.

AVENDER RICOTTA

잼으로 소용돌이치는 리코타 팬케이크

Jam-Swirled Ricotta Pancakes

한번 생각해봤다. 당신이 모든 종류의 리코타치즈를 먹고자 한다면, 아마도 당신은 리코타 팬케이크를 만들고 싶을 것이다. 당신은 퀴노아수수빵(퀴노아 밀레 브레드, 21쪽)으로 퀴노아 가루를 사용할 수 있다. 팬케이크는 리코타치즈를 활용할 좋은 기회이다. 그 다음 당신은 설거지 거리가 적을 뿐 아니라 글루텐프리인 이 아침식사의 장점을 뽐낼 수 있다. 그리고 반죽을 잘 얼려두면, 느긋한 여가시간에 매우 유용하다. 나는 타라곤 리코타(141쪽 참조)와 함께 오렌지 마멀레이드나 라벤더 리코타(53쪽 참조)에 복숭아잼을 사용하는 것을 좋아한다. 또는 플레인 리코타로 짭짤한 맛을 낼 수도 있다. 여기엔 다진 아스파라거스와 파마산치즈 가루를 얹는다(그리고 아래의 팬케이크 레시피에서 설탕을 뺀다).

재료 · 만들기(팬케이크 12개)

- 레몬제스트 1 ½작은술
- 굵은 입자의 황설탕 2큰술
- 다목적 밀가루 또는 퀴노아 가루 ¾컵
- 베이킹파우더 ½작은술
- 소금 ¼작은술
- 라벤더 리코타, 타라곤 리코타, 또는 플레인 리코타 1컵
- 달걀 3개, 흰자와 노른자를 분리하여 준비한다.
- 우유 120ml
- 당신이 선택한 잼(나의 어머니는 블랙베리를 추천한다). ⅓컵
- 무염 버터 2큰술

1. 작은 볼에 레몬제스트와 설탕을 섞는다. 다른 것을 하기 전에 먼저 이것을 해서(전날 밤에 만들어둬도 좋다) 설탕에 레몬이 배도록 한다.
2. 중간 크기의 볼에 밀가루, 베이킹파우더, 소금과 레몬설탕을 섞는다.
3. 커다란 볼에 리코타치즈, 달걀 노른자, 우유를 넣어 거품기로 젓는다.
4. 작은 소스팬이나 전자레인지용 작은 볼에 잼을 넣고 부드럽게 풀어지도록 저어준다. 20초 정도 데워주고 한쪽에 둔다.
5. 핸드블렌더를 이용하여 달걀 흰자가 뻣뻣해질 때까지 휘저어준다(차가운 금속볼에 넣고 하는 것이 훨씬 잘된다).
6. 2단계의 가루류를 리코타 크림에 넣고 합쳐지도록 섞어준다. 그 다음 부풀어 오른 달걀 흰자를 넣고 자르듯이 섞어주는데 천천히 부드럽게 섞어 달걀 흰자의 공기가 빠지지 않도록 한다.

7. 팬에 버터를 넣고, 팬 바닥이 코팅되도록 빙빙 돌려가며 중불에서 녹인다. 팬케이크 반죽 한 두 국자를 반죽이 한쪽에 몰리지 않도록 주의하면서 팬에 올려준다. 팬케이크의 위 표면에 공기방울이 올라오고 바닥이 갈색을 띠기 시작할 때까지 3~4분 정도 익혀준다. 팬케이크를 뒤집기 바로 직전에, 잼을 작은 스푼으로 한 숟가락을 반죽의 가운데에 떨어뜨린 뒤, 나이프로 부드럽게 잼을 끌어 둥글게 소용돌이 모양을 그린다. 뒤집어서 2~3분 정도 더 익혀준다. 반죽을 새로 팬에 올릴 때마다 버터를 바꿔주어 팬케이크가 팬에 달라붙지 않게 한다. 모든 반죽을 다 사용할 때까지 팬케이크를 만든다.

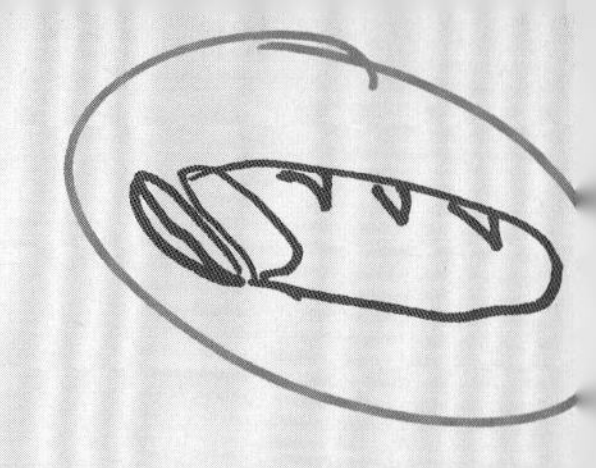

3 전채 토스트

Hors D'Oeuvre Toasts

4 프로슈토+무화과잼 토스트

칼라마타 오렌지 렐리시를 곁들인 가리비 까르파치오와 레몬 아이올리

Scallop Carpaccio with Kalamata – Orange Relish and Lemon Aioli

까르파치오는 멋진 토스트이다. 여기에는 복잡한 것이라고는 전혀 없지만 까르파치오라는 이름에 왠지 모르게 신뢰가 생긴다. 까르파치오라는 용어는 어떤 것이든 날것을 얇게 슬라이스한 요리에 사용되지만 단순히 맛만을 위한 선택으로는 레몬즙에 채 썬 가리비를 15~20분 동안 절인 뒤, 나머지 재료와 섞을 수 있는데, 이 요리를 세비체라고 부른다.

재료 · 만들기(에피타이저 토스트 12장)

- 바다 가리비 4개
- 신선한 레몬즙 6큰술
- 껍질을 벗겨 잘게 다진 오렌지과육 ¾컵(네이블 오렌지 약 ½개)과 남은 오렌지를 다져서 나온 오렌지즙 1~2큰술
- 소금 ¾작은술
- 방금 간 통후추 ¼작은술
- 자색 양파 1개, 잘게 다진다.
- 곱게 다진 칼라마타 올리브 60g
- 마요네즈 ½컵
- 레몬제스트 1작은술
- 0.6cm 두께로 자른 바게트 12조각, 오븐 토스트한다. (18쪽 참조)
- 장식용 파슬리

1. 가리비는 편으로 얇게 썰어 3등분을 하고 작은 볼에 담는다. 레몬즙 3큰술과 따로 놔둔 오렌지주스, 소금, 후추를 가리비에 섞어 마리네이드 되도록 10~15분간 놓아둔다.
2. 칼라마타 오렌지 렐리시를 만들기 위해 작은 볼에 오렌지, 레몬즙 1큰술, 양파와 올리브를 섞어 옆에 둔다.
3. 다른 작은 볼에, 마요네즈, 남은 레몬즙 2큰술과 레몬제스트를 섞어 레몬 아이올리를 만든다.
4. 각 토스트에 레몬 아이올리를 1큰술 바르고, 가리비 조각과 칼라마타 오렌지 렐리시 1큰술을 위에 얹은 다음 파슬리를 뿌린다.

천도복숭아 카프레제

Nectarine Caprese

너무 많이 생각한다고 무언가 떠오르는 것은 아니다. 가장 단순한 것에서 감탄사가 뿜어져나올 수 있다. 컵케이크는 머핀틀에 담긴 케이크이고 베이컨을 아무데나 곁들이고, 달걀을 얹은 요리를 브런치라고 부를 수 있는 것처럼, 천도복숭아가 들어간 카프레제도 사람들을 들뜨게 만들 수 있다(토마토와 천도복숭아는 같은 계절에 나는 식재료이기에 잘 어울린다). 둥근 바게트 위에 얹은 천도복숭아 카프레제는 우리 모두가 좋아하는 토스트이다.

재료 · 만들기(에피타이저 토스트 10~12장)

- 잘 익은 넥타린 1개
- 토마토 1개
- 신선한 핸드메이드 모짜렐라 볼 1개
- 바게트 1개, 1.2cm 두께로 둥글게 잘라 오일에 팬 토스트한다.(16쪽 참조)
- 바질 잎 20g
- 소금 ¼작은술
- 방금 간 통후추 ½작은술
- 위에 뿌리기 위한 올리브오일

1. 넥타린(천도복숭아), 토마토, 모짜렐라치즈를 1.2cm 두께로 둥글게 슬라이스 한다.
2. 넓은 접시에 토스트를 둥글게 정렬한다.
3. 바질을 얹고 소금, 후추, 오일을 뿌려준다.

사프론 후무스를 곁들인 구운 종려나무 순

Grilled Hearts of Palm with Saffron Hummus

종려나무 순은 루 리드가 고릴라즈와 콜라보한 올드 스쿨의 재료를 함께 사용한 뉴 스쿨 송이다. 좋은 재료를 사용하고 전통적이지 않은 방법으로 맛을 향상시킨다. 사프론은 무대 위의 소녀 같은 향을 담당한다.

재료 · 만들기(에피타이저 토스트 12장)

- 참깨 1큰술
- 올리브오일 3큰술
- 양파 ½개, 잘게 다진다.
- 사프론 줄기 6개
- 화이트와인 4큰술
- 화이트빈 425g 캔 1개, 헹구고 물을 따라낸다.
- 신선한 레몬즙 2큰술, 입맛에 따라 약간 더 사용
- 종려나무 순 425g 캔 1개, 물을 따라낸다
- 숙성된 발사믹 식초 3큰술
- 꿀 2큰술
- 작게 2.5cm 두께로 자른 호밀빵 12조각, 기름을 많이 붓고 팬 토스트한다.(16쪽 참조)
- 소금 ½작은술
- 방금 간 통후추 ¼작은술

1. 중간 크기의 소스팬을 중약불에 올리고 참깨를 2~3분 동안 저어가며 볶는다. 페이퍼타월이나 접시에 옮겨 식힌다.
2. 같은 팬을 중약불에 올리고, 오일 2큰술과 양파를 넣고 중약불에서 부드러워질 때까지 7~10분 정도 볶는다. 그 다음 사프론을 넣고 양파가 매우 투명하고 사프론의 향이 밸 때까지 2~3분간 볶는다. 와인을 더하여 와인이 다 날아갈 때까지 2~3분간 졸인다.
3. 블렌더에 화이트빈과 레몬즙을 넣고 부드러워질 때까지 퓨레 상태로 간다. 원하는 만큼 레몬즙을 넣는다.

4. 종려나무 순을 대각선으로 자르고 남은 오일 1큰술로 붓질한다. 그릴이나 그릴팬을 중불에서 달군다. 뜨거워지면 종려나무 순에 그릴 자국이 생기고 부드러워질 때까지 5~7분 굽는다.
5. 종려나무 순이 익는 동안 식초와 꿀을 넣고 재빨리 발사믹 리덕션을 만든다. 작은 소스팬을 중불에 올리고 4작은술 정도 남을 때까지 졸인다.
6. 토스트에 후무스를 바르고 소금과 후추를 뿌린다. 위에 종려나무 순을 얹는다. 참깨와 발사믹을 뿌린다.

허브 염소치즈와 구운 채소

Herbed Goat Cheese and Grilled Vegetables

허브가 들어간 염소치즈는 하늘 아래에 있는 모든 채소들과 잘 어울린다. 잔뜩 만들어놓고 사랑을 담아 바르면 된다. 레시피를 2배로 하여 만들면, 토스트에 충분하게 바르고도 레드 퀴노아와 현미 또는 스크램블 에그와 함께 곁들일 샐러드에 함께 넣을 수 있는 양의 치즈를 만들 수 있다. 샐러드는 래디시와 사과를 슬라이스하고, 통조림 병아리콩에 차갑게 식힌 치즈 크럼블을 섞고 레몬을 짜넣는다. 또는 남은 치즈를 슬라이스한 아보카도와 함께 먹는다. 염소에게선 먹을 것이 계속해서 나온다.
그리고 주변에 나눠줄 만큼 많은 양의 허브가 남을 것이다. 완성된 토스트 맨 위에 사랑을 뿌린다.

재료 · 만들기(에피타이저 토스트 8~12장)

- 상온에 둔 염소치즈 180ml
- 채 썬 파슬리 2큰술
- 채 썬 고수 2큰술
- 채 썬 바질 2큰술
- 채 썬 오레가노 1큰술
- 채 썬 민트 1큰술
- 옻나무 가루 ½작은술
- 방금 간 통후추 1작은술
- 오렌지제스트 2작은술
- 각종 채소 2컵: 반으로 자른 아스파라거스, 그린빈, 주키니, 그리고 굽기 좋아 보이는 모든 채소
- 올리브오일, 그릴할 때 사용한다
- 1cm로 슬라이스한 바게트 8~12개, 사선으로 잘라 그릴에 굽는다.(18쪽 참조)
- 오렌지즙

좋아하는 채소를 고를것

1. 중간 크기 볼에 부드러운 염소치즈에 파슬리, 고수, 바질, 오레가노, 민트, 수맥(신맛이 나는 향신료), 후추와 오렌지제스트를 섞는다.
2. 그릴이나 그릴팬을 중강불에 올린다. 팬에 기름을 두르고 당신이 선택한 채소를 올려 그릴 자국이 생길 때까지 7~10분간 굽는다.

3. 2큰술이 약간 안 되는 허브를 섞은 염소치즈를 각각의 토스트에 고르게 펴 바른다. 토스트의 위에 구운 채소를 얹는데, 빵 1장에 채소 한 종류만 올리거나 혹은 구운 채소를 섞어서 한꺼번에 올리거나, 각자의 취향대로 얹어준다. 모든 토스트 위에 오렌지즙을 약간씩 짜준다.

수맥은 중동지역에서 널리 사용하는 레몬향이 나는 향신료이다. 찬장에 있는 수맥을 가지고 무엇을 할까? 구운 고구마와 병아리콩에 크렘 프레쉬와 레드칠리 그리고 수맥을 뿌려준다. 또는 스튜와 수프에 첨가해준다.

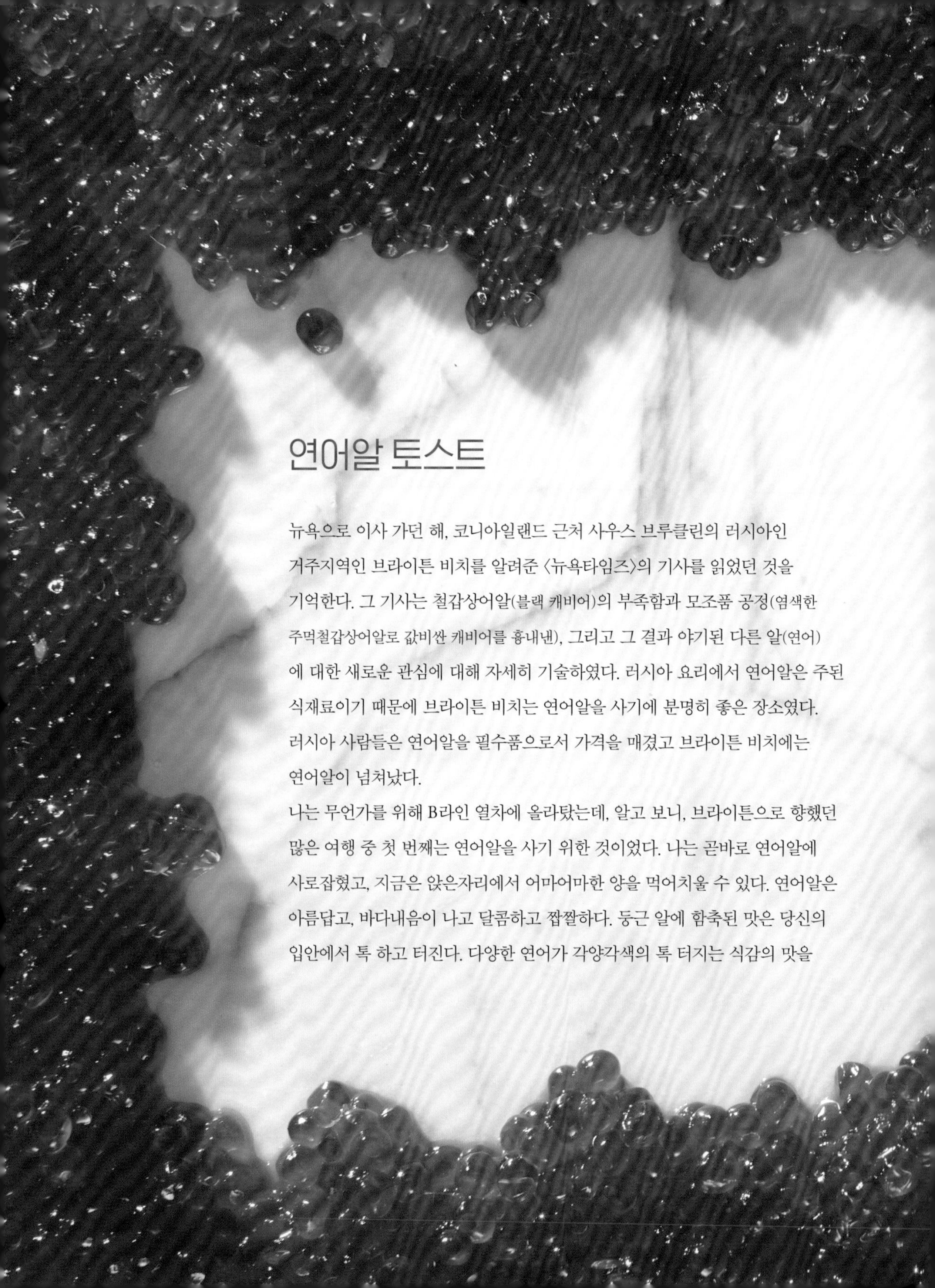

연어알 토스트

뉴욕으로 이사 가던 해, 코니아일랜드 근처 사우스 브루클린의 러시아인 거주지역인 브라이튼 비치를 알려준 〈뉴욕타임즈〉의 기사를 읽었던 것을 기억한다. 그 기사는 철갑상어알(블랙 캐비어)의 부족함과 모조품 공정(염색한 주먹철갑상어알로 값비싼 캐비어를 흉내낸), 그리고 그 결과 야기된 다른 알(연어)에 대한 새로운 관심에 대해 자세히 기술하였다. 러시아 요리에서 연어알은 주된 식재료이기 때문에 브라이튼 비치는 연어알을 사기에 분명히 좋은 장소였다. 러시아 사람들은 연어알을 필수품으로서 가격을 매겼고 브라이튼 비치에는 연어알이 넘쳐났다.

나는 무언가를 위해 B라인 열차에 올라탔는데, 알고 보니, 브라이튼으로 향했던 많은 여행 중 첫 번째는 연어알을 사기 위한 것이었다. 나는 곧바로 연어알에 사로잡혔고, 지금은 앉은자리에서 어마어마한 양을 먹어치울 수 있다. 연어알은 아름답고, 바다내음이 나고 달콤하고 짭짤하다. 둥근 알에 함축된 맛은 당신의 입안에서 톡 하고 터진다. 다양한 연어가 각양각색의 톡 터지는 식감의 맛을

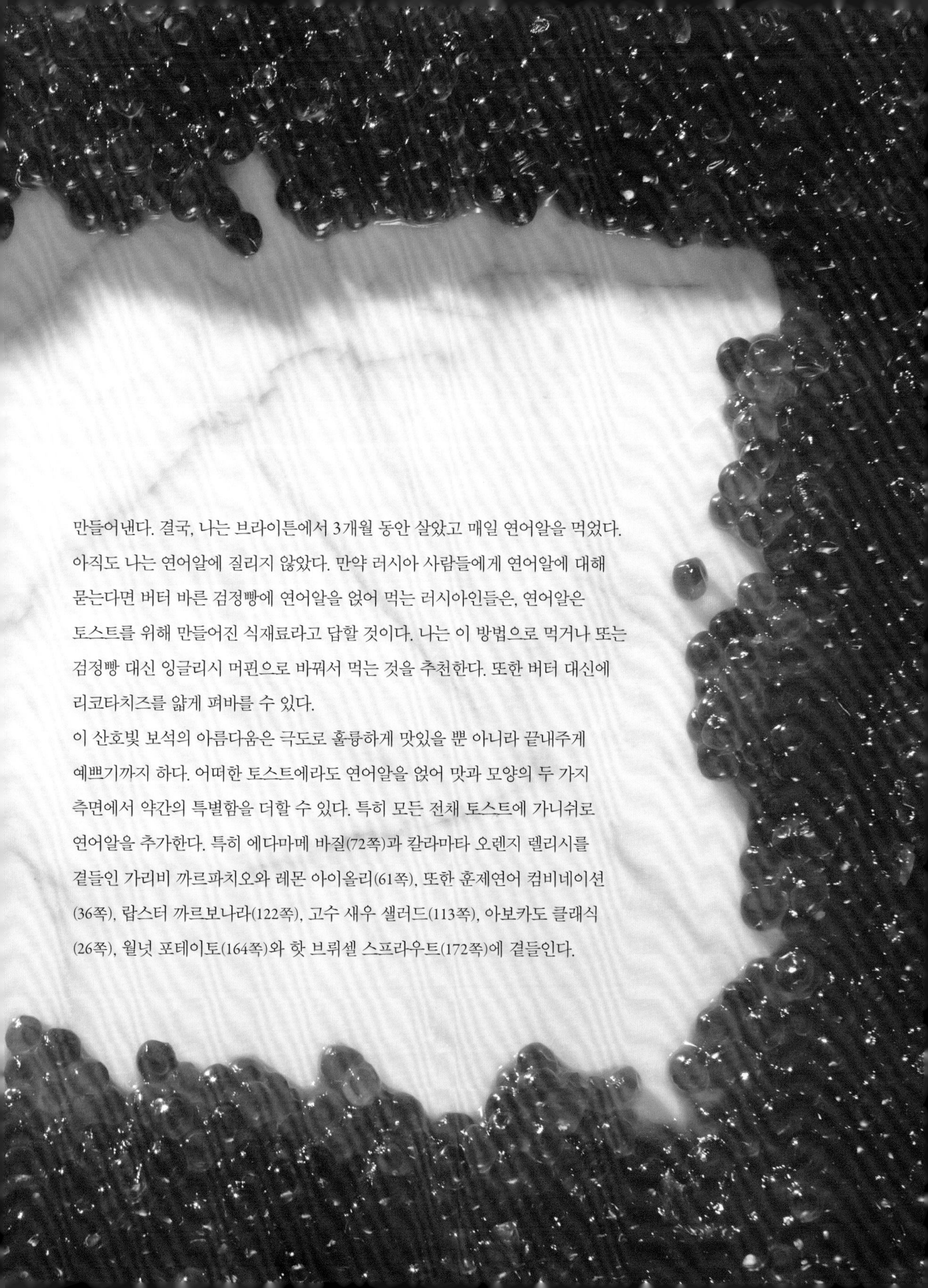

만들어낸다. 결국, 나는 브라이튼에서 3개월 동안 살았고 매일 연어알을 먹었다. 아직도 나는 연어알에 질리지 않았다. 만약 러시아 사람들에게 연어알에 대해 묻는다면 버터 바른 검정빵에 연어알을 얹어 먹는 러시아인들은, 연어알은 토스트를 위해 만들어진 식재료라고 답할 것이다. 나는 이 방법으로 먹거나 또는 검정빵 대신 잉글리시 머핀으로 바꿔서 먹는 것을 추천한다. 또한 버터 대신에 리코타치즈를 얇게 펴바를 수 있다.

이 산호빛 보석의 아름다움은 극도로 훌륭하게 맛있을 뿐 아니라 끝내주게 예쁘기까지 하다. 어떠한 토스트에라도 연어알을 얹어 맛과 모양의 두 가지 측면에서 약간의 특별함을 더할 수 있다. 특히 모든 전채 토스트에 가니쉬로 연어알을 추가한다. 특히 에다마메 바질(72쪽)과 칼라마타 오렌지 렐리시를 곁들인 가리비 까르파치오와 레몬 아이올리(61쪽), 또한 훈제연어 컴비네이션(36쪽), 랍스터 까르보나라(122쪽), 고수 새우 샐러드(113쪽), 아보카도 클래식(26쪽), 월넛 포테이토(164쪽)와 핫 브뤼셀 스프라우트(172쪽)에 곁들인다.

에다마메 바질

Edamame Basil

이 예쁜 토스트는 건강에 좋으면서 맛도 훌륭하다. 후무스의 멋진 변형이며 어떠한 세팅에서도 잘 어울린다. 식용 꽃, 엔다이브 또는 참깨와 함께 아름답게 만들거나 양을 늘려 재빨리 구운 참치 타차이(86쪽 참조)에 먹어도 좋다. 에다마메 바질은 걱정 없는 요리사의 네온 그린 빛 꿈이다. 진정한 준비작업인 재료를 섞는 것부터 토스트를 만드는 과정 중 가장 어려운 부분은 각 토스트에 올릴 꽃을 고르는 것이다.

재료 · 만들기(에피타이저 토스트 20장)

- 껍질을 벗긴 냉동 에다마메 340g, 1봉지를 해동시킨다.
- 바질 잎 6개
- 올리브오일 8큰술
- 쌀 식초 2큰술
- 신선한 레몬즙 1큰술
- 소금 1작은술
- 방금 간 통후추 ½작은술
- 1.2cm로 비스듬히 자른 참깨 바게트 1개, 오일을 발라 오븐 토스트한다.(18쪽 참조)
- 1.2cm 두께로 자른 엔다이브 1개
- 식용 꽃
- 검정깨 1큰술

1. 블렌더나 푸드 프로세서에 에다마메, 바질, 올리브오일, 식초, 레몬즙, 소금과 후추를 넣고 아주 부드러워질 때까지 퓨레 상태로 간다.
2. 각 토스트에 2큰술의 퓨레를 바른다. 엔다이브, 식용 꽃, 또는 참깨 중 원하는 조합을 바게트 위에 올린다.

핫 미소 크랩

Hot Miso Crab

이 멋쟁이 토스트는 조금 늦은 전채 요리나 저녁식사 대용의 토스트로 적합하다. 전채로 먹을 때 로제와인과 특히 잘 어울리고, 스파클링와인이나 상큼한 화이트와인과도 잘 어울린다. 만약 저녁식사로 먹을 경우에는 마늘을 넣고 재빨리 볶아낸 청경채나 물냉이, 또는 김치를 곁들일 것, 만약 당신이 생활비 지출을 줄이는 중이어도 근사한 음식을 먹고 싶다면, 이 토스트가 아주 좋은 선택이 될 것이다.
이 레시피에서 미소된장이 맛을 끌어올려주기 때문에 가장 비싼 게를 살 필요가 없다. 각자 지출할 수있는 예산 안에서 최고의 재료를 고르면 된다.

재료 · 만들기(에피타이저 토스트 15~20장)

- 연두부 125g
- 미소된장 3큰술
- 신선한 레몬즙 1큰술
- 셰리 식초 2큰술,
- 갈릭 파우더 ½작은술
- 어니언 파우더 1작은술
- 카이엔페퍼 ¼작은술
- 방금 간 통후추 ½작은술
- 게살 통조림 1개 225g
- 사워크림 225g
- 얇게 채 썬 차이브 2큰술
- 올리브오일
- 미쉬브레드 또는 바게트 1개, 1.2cm 두께로 15~20조각이 나오도록 슬라이스한다.

1. 오븐을 190℃로 예열하고 오븐팬에 기름종이를 깐다.
2. 유화 기능이 있는 블렌더나 푸드 프로세서로 두부, 미소, 레몬즙, 식초, 갈릭 파우더, 어니언 파우더, 카이엔페퍼를 부드러워질 때까지 퓨레 상태로 간다.
3. 작은 볼에 옮기고, 게, 사워크림과 차이브를 부드럽게 섞는다.
4. 얕은 접시에 오일을 붓고 빵을 오일에 적셔 양면을 코팅한다.
5. 게를 섞은 크림을 빵에 2~3큰술 정도 떠서 얹고 준비해둔 오븐팬에 빵을 올려놓는다. 약간 갈색빛이 돌 때까지 12~14분 동안 굽는다. 뜨거울 때 먹는다.

바질 페스토

Pesto Swirl

주방가위에 불이 난다; 페스토 만들기

마늘과 대량의 바질로 만든 페스토는 강렬한 풍미를 지닌다. 직접 페스토를 만드는 게 얼마나 쉬운지! 사용하지 않는 페스토는 얼려놓거나 다음 날 아침식사에 사용하면 된다. 전통적으로 페스토에는 잣이 들어가지만, 풍부한 여름 바질의 향과 크리미한 리코타치즈가 식감을 충분히 살리기에, 잣은 생략했다. 리코타도 만들고 싶다면? 그렇다면 140쪽에 수록된 레시피를 사용하라(바질 리코타를 만들고 더블 바질 페스토로 부를 수 있을 것이다).

리코타치즈가 많이 남게 되겠지만 그러면 이 홈메이드 치즈를 아침식사로 먹을 수 있다.

만약, 리코타치즈나 페스토 둘 중 하나만 만들고 싶다면, 만드는 데 2초밖에 걸리지 않을 것이지만, 어떤 것이어도 맛이 좋다.

재료·만들기(에피타이저 토스트 15~20장)

- 바질 다발 200g
- 올리브오일 3큰술
- 마늘 3쪽, 반으로 자른다.
- 파마산 가루 2큰술
- 레몬제스트 1큰술
- 신선한 레몬즙 2큰술
- 플레인 리코타(140쪽 참조) 1컵
- 사워도우 바게트 1개, 1.2cm 두께로 잘라 오븐 토스트한다. (18쪽 참조)

1. 유화 기능이 있는 블렌더나 일반 블렌더로 바질, 오일, 마늘 1쪽, 파마산, 레몬제스트, 레몬즙을 부드러워질 때까지 갈아 퓨레 상태로 만든다.
2. 만들어진 퓨레를 볼에 담고 리코타치즈를 부드럽게 포개어준다.
3. 남은 마늘 2쪽을 토스트에 거칠게 문질러준다. 리코타를 섞은 바질 퓨레를 토스트 위에 듬뿍 발라준다.

케일과 아티초크 까포나타

Kale and Artichoke Caponata

이 토스트는 짭짤하고 매우 셔서 얼굴을 찌푸리게 될 것이다. 맛을 부드럽게 하고 싶다면 케이퍼를 넣으면 된다. 신맛을 좀 더 제거하기 위해서는 까포나타를 크렘 프레쉬나 크림치즈에 넣고 디핑소스처럼 만들면 된다. 여분의 사랑으로 미리 토스트를 준비해서 아시아고나 만체코치즈를 얇게 한 층 뿌려 오븐에 잠깐 구워도 좋다. 손님에게는 뜨겁게 대접하고, 나에게는 어떻게든 대접해주기만 하면 된다.

재료 · 만들기(에피타이저 토스트 10장)

- 라시나토 케일 다발, 줄기를 제거하고 다진다.
- 올리브오일 4큰술
- 셀러리 줄기 약 ½컵, 깍둑썰기한다.
- 자색 양파 1개, 잘게 다진다.
- 중간 크기 덩굴 숙성 토마토 1개, 깍둑썰기한다.
- 드라이 화이트와인 8큰술
- 화이트와인 식초 4큰술
- 아티초크 순 226g 1병, 물을 따라내고 다진다.
- 씨를 뺀 그린 올리브 120g, 다진다
- 굵은 입자의 황설탕 1큰술
- 케이퍼 1큰술, 물을 따라낸다.
- 깍둑썰기 한 말린 살구 130g
- 호두 60g, 구워서(19쪽 참조) 다진다.
- 방금 간 통후추 ½작은술
- 0.6cm 두께로 자른 통밀 사워도우 브레드 또는 바게트 10장, 파마산 팬 토스트한다.(17쪽 참조)
- 잘게 다진 바질 70g
- 가니쉬용 파마산 가루

1. 큰 소스팬을 중불에 올리고 물을 2cm 정도 담아 케일을 2~4분 동안 찐다. 불에서 내려 잠시 두었다가 물을 따라버린다.
2. 케일을 찐 소스팬은 물기를 제거하고 중불에 올린 뒤 오일을 두른다. 셀러리, 양파, 마늘을 부드러워 질 때까지 3~5분 동안 볶는다.
3. 토마토, 와인, 식초, 아티초크, 올리브, 설탕, 케이퍼와 살구를 추가하고 불을 약하게 낮춘다. 모든 채소가 살짝 뭉그러지고 액체가 졸아들 때까지 12~15분간 약불에 은근히 끓인다.
4. 케일에 호두와 후추를 넣고 섞는다.
5. 까포나타를 토스트에 나누어 올린다. 원한다면 위에 바질을 채 썰어 올리고 파마산 가루를 뿌린다.

화이트빈과 토마토

Zingy White Beans and Tomatoes

화이트빈과 토마토는 전통적으로 궁합이 잘 맞는다. 그리고 요리한 것은 며칠 지나면 더 맛이 좋아진다. 화이트빈은 항산화물질, 마그네슘과 섬유질을 듬뿍 함유하고 있는데다 혈당지수가 낮아 몸속의 지방축적을 조절해준다. 크리미하고, 농도가 짙고, 순하고, 부드러운 콩에 더해진 싱싱하고 수분이 많은 토마토는 마치 링 위의 권투선수처럼 팽팽한 조화를 이룬다.

재료 · 만들기(에피타이저 토스트 8~12장)

- 올리브오일 5큰술
- 신선한 로즈마리 줄기 4개
- 마늘 2쪽, 다진다.
- 화이트빈 통조림 1개 425g, 물에 헹구고 물을 따라버린다.
- 소금 약간
- 셰리 식초 1큰술
- 반으로 자른 체리토마토 또는 말린 토마토 통조림 1개 425g, 물을 따라버린다.
- 레몬 1개, 반으로 자른다.
- 1.2cm 두께로 자른 이탈리안 러스틱 브레드, 파마산 팬 토스트한다.(17쪽 참조) 반으로 자르거나 한입 크기가 되게 삼등분한다.

1. 중간 크기 소스팬을 약불에 올리고, 오일과 로즈마리 잔가지를 로즈마리가 튀겨지되 타지 않도록 5~7분간 가열해준다. 로즈마리 가지를 오일에서 꺼내 따로 놔둔다. 로즈마리 오일 2큰술을 따로 보관한다(스푼으로 떠서 작은 컵에 둔다).
2. 로즈마리 오일에 마늘과 화이트빈을 더해 불을 켜고 4~6분간 마늘이 부드러워질 때까지 볶는다. 소금을 뿌려준다.
3. 토마토를 넣고 중간중간 저어가며 10분간 졸인다. 식초를 넣고 모든 재료가 어우러지도록 2분 정도 더 익혀준다.
4. 레몬을 토스트 위에 짜고 콩-토마토 믹스를 약 2큰술을 얹어준다. 남겨둔 로즈마리 오일을 골고루 뿌리고 튀긴 로즈마리 가지를 얹어준다.

포도와 염소치즈

Grape and Goat

이 토스트는 와인에 곁들이기 좋은 작고 세련된 토스트이다. 어느 계절에나 만들 수 있는 토스트지만, 가을에 농산물직판장의 콩코드 포도로 만든다면 아주 특별해진다. 남은 구운 포도는 다음 날에 페타치즈를 넣고 샐러드로 만들어 먹어도 좋다. 또는 여기에 무엇이든 섞을 수 있고(치즈에 넣은 포도), 뭘 더하지 않고 환상적인 포도 스프레드를 만들어 남은 토스트에 발라먹을 수 있다.

재료 · 만들기(에피타이저 토스트 8장)

- 꿀 2큰술
- 신선한 로즈마리 줄기 2개
- 올리브오일 4큰술
- 적포도 2컵 450g, 반으로 자른다.
- 발사믹 식초 ½작은술
- 소금 ½작은술
- 방금 간 통후추 약간
- 드미 바게트 1개, 가로로 반으로 자르고 8등분 한다.
- 염소치즈 110g, 부드럽게 만들어둔다.
- 험볼트 포그와 같은 블루치즈 2큰술

1. 오븐을 220℃로 예열하고 오븐팬에 기름종이를 깐다.
2. 작은 냄비를 약불에 올려, 꿀, 로즈마리와 오일을 넣고 합친다. 향기로운 냄새가 나기 시작할 때까지 5분 동안 뭉근하게 끓인다.
3. 작은 볼에 2단계의 허니오일과 포도, 로즈마리 잔가지(오일에 향을 낸 가지를 재사용한다), 식초, 소금, 후추를 넣는다.
4. 오븐팬에 포도를 올리고 30분간 굽는다. 포도가 약간 건조되지만 완전히 마르지 않아야 한다(오븐팬 위의 남은 즙은 남겨둔다).
5. 그동안, 그릴이나 그릴팬을 강불에서 달구고, 빵에 남은 허니오일을 발라 굽는다.
6. 염소치즈와 블루치즈를 섞어서 구운 빵에 바른다.
7. 토스트 위에 포도를 얹고 오븐팬에 남아 있는 포도주스를 뿌린다. 로즈마리 가지는 버린다.

4 비채식주의자 토스트

Non-Veg Toasts

4 랍스터 + 마요네즈 + 레몬제스트 + 차이브

살짝 구운 참치 타차이

Seared Tuna Tatsoi

이것은 마치 릴리 플리처의 아시아 제품인 듯한 토스트이다(릴리 플리처는 미국의 디자이너이자 사교계의 명사로, 에스닉 패턴과 블루·핑크 컬러가 시그니처이다 – 옮긴이). 모든 것이 핑크와 그린이다. 참치, 정말 소녀스러운 래디시와 이런 섬세한 상추는 여성스러운 삼중주를 만들어낸다. 당신의 입안에서 녹아내리는 참치가 참깨와 간장으로부터 힘을 얻는 반면, 래디시를 감싸는 타차이는 너무나 부드럽다. 만약 약간의 까칠함을 더할 재료를 찾는다면 드레싱에 와사비를 약간 섞어보는 것도 좋다.

재료·만들기(토스트 12장)

- 참치 450g, 물로 헹궈 톡톡 두드려 말린다.
- 올리브오일 1큰술
- 참기름 1큰술+½작은술
- 쌀 식초 2큰술
- 간장 2큰술
- 워터멜론 래디시 1~3개(슬라이스해서 약 1컵 정도)
- 타차이 또는 시금치 같은 녹색채소 ¾컵
- 후추 1큰술(후추를 좋아하지 않는다면 적게 사용한다.)
- 마요네즈 ⅓컵
- 0.6cm 두께로 자른 통밀 바게트 12조각
- 다진 양파 약간
- 검정깨

채칼 위의 워터멜론 래디시

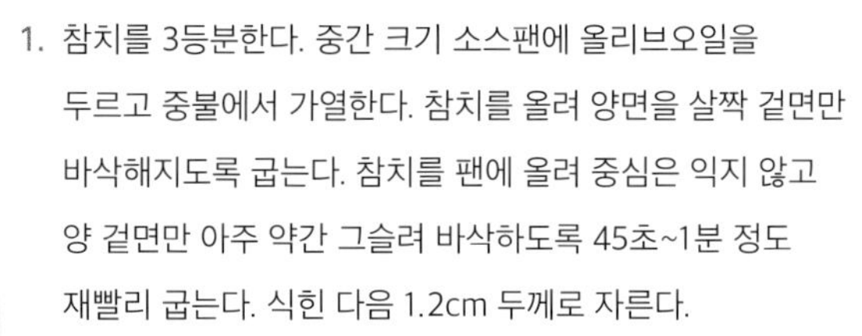

1. 참치를 3등분한다. 중간 크기 소스팬에 올리브오일을 두르고 중불에서 가열한다. 참치를 올려 양면을 살짝 겉면만 바삭해지도록 굽는다. 참치를 팬에 올려 중심은 익지 않고 양 겉면만 아주 약간 그슬려 바삭하도록 45초~1분 정도 재빨리 굽는다. 식힌 다음 1.2cm 두께로 자른다.
2. 중간불에 참기름 1큰술, 식초와 간장을 섞는다. 참치를 볼에 넣고 드레싱과 섞어주고 한쪽에 둔다.
3. 채칼이나 아주 날카로운 칼을 이용해서 래디시를 매우 얇게 썬다. 래디시를 타차이, 참치와 섞는다.

4. 작은 볼에 후추, 마요네즈, 남겨둔 참기름을 섞는다. 양념을 한 마요네즈를 슬라이스한 빵의 양면에 고르게 바르고 팬 토스트한다.
5. 토스트에 참치 샐러드를 올리고 샬롯과 검정깨를 뿌린다.

에스카르고와 버섯

Escargots and Mushrooms

머스카토스트? 에스카르고쉬룸?

내 친구 에린(푸드 스타일리스트! 셰프! 롤러데비게임 퀸!)은 이것과 비슷한 토스트를 만들고 대부분의 사람들은 자신이 달팽이를 먹고 있다는 걸 알아차리지 못한다. 미식을 좋아하는 우리들에겐 별 문제될 것이 없다. 그렇지만 달팽이에게 오명이 있는 것은 사실이다. 옳지 못하다! 양송이버섯과 쌍을 이뤄 와인으로 조리하면, 달팽이가 유혹적으로 변한다. 만약 로즈마리와 타임이 있다면 생허브든 말린 허브든 레시피에 추가해서 허브 파티를 즐겨보자.

재료 · 만들기(토스트 8장)

- 샬롯 2개, 다진다.
- 마늘 2쪽, 다진다.
- 올리브오일 3큰술
- 양송이버섯 700g, 4등분한다.
- 에스카르고 230g 통조림 1개, 물로 헹구고 톡톡 두드려 말린다.
- 화이트와인 2큰술
- 다진 파슬리 1컵, 고명으로 올릴 약간의 파슬리
- 소금 ½작은술
- 후추 ¼작은술
- 무염 버터 2큰술, 부드럽게 해둔다.
- 파마산 가루 ½컵
- 0.6cm 두께로 자른 바게트 8조각

1. 오븐을 180℃로 예열한다.
2. 중간 크기 팬을 중불에 올려 오일 2큰술을 두르고 샬롯과 마늘을 부드러워질 때까지 3~5분간 살짝 볶는다.

3. 남은 오일과 버섯, 에스카르고를 팬에 더하여 5분간, 에스카르고는 단단해지고 버섯은 부드러워질 때까지 계속 볶아준다.
4. 와인을 붓고 술이 완전히 날아갈 때까지 3~5분간 익힌다.
5. 불을 끄고 파슬리 1컵, 소금, 후추(그리고 만약 가지고 있는 허브가 있다면 그것도 넣어준다)를 넣고 뒤섞어준다.
6. 버터와 집에 있는 허브(로즈마리, 타임 등), 파마산치즈를 섞고 빵 위에 고르게 바른다. 빵을 오븐틀에 넣고 버터가 녹고, 먹음직한 갈색이 될 때까지 약 10분간 오븐에서 구워준다.
7. 토스트 위에 버섯과 에스카르고를 얹는다. 파슬리를 곁들인다.

니수아즈

Niçoise

나는 오메가3, 비타민 B, 칼슘과 철분으로 가득한 앤초비를 먹는 것을 멈출 수 없다.(97쪽 참조) 니수아즈는 당신히 정한 토스트 플래터와 관련된 당신의 레벨이라는 점에서 또다른 자가용이나 마찬가지이다. 내가 많은 양의 앤초비를 먹는 것처럼 당신은 당신이 원하는 것을 많이 먹는다. 우리는 그래서 천생연분.

재료 · 만들기(토스트 8장)

- 감자 8개, 문질러서 씻는다.
- 신선한 그린빈 340g, 손질해둔다.
- 달걀 3개
- 썬드라이 토마토 2개
- 케이퍼 1작은술, 물을 따라낸다.
- 신선한 레몬즙 2큰술
- 올리브오일 3큰술
- 노란 피망 2개, 구워서(93쪽 참조) 심과 씨를 발라내고 자른다.
- 좋은 품질의 참치캔 2개, 물을 따라내고 살을 으깬다.
- 씨를 발라내서 채 썬 니수아즈나 칼라마타 올리브 3큰술
- 앤초비 4병(Ortiz)
- 절반 크기 바게트 4개, 세로로 반을 가르고 십자 칼집을 내서 오일을 발라 오븐 토스트한다.(18쪽 참조)

1. 소금 농도를 진하게 한 소금물을 커다란 냄비에 붓고 강불에서 끓인다. 감자를 넣고 부드러워질 때까지 15~20분간 삶는다. 물을 따라내고 식힌 뒤, 0.6cm 두께로 썰어 넓은 접시에 놓는다.
2. 감자를 삶는 동안 다른 냄비에 물을 넣고 그린빈을 데친다. 구멍이 뚫린 기다란 스푼으로 그린빈을 건져 대각선 방향으로 썰어 접시에 놓는다.
3. 그린빈을 데친 냄비의 물에 달걀을 넣고 반숙으로 삶는다.(48쪽 참조) 찬물에 식혀서 껍질을 벗긴 뒤 0.6cm 두께로 잘라 접시에 담는다.
4. 달걀이 익는 동안, 썬드라이 토마토와 케이퍼를 도마에서 페이스트 상태가 될 때까지 다진다. 작은 볼에 담고 레몬즙과 오일과 함께 섞는다.
5. 접시에 후추, 참치와 올리브를 더한다. 앤초비를 작은 볼에 담아 플래터와 함께 차린다.
6. 테이블 위의 플래터 주변에 토스트를 늘어놓거나 볼에 담아 원하는 만큼 앤초비를 토스트에 얹어 먹는다.

구운 피망

피망을 가스레인지에 구우려면, 불을 중간 센불로 켠 뒤 피망을 통째로 불 위에 바로 올린다. 집게로 조심스레 굴려 피망의 껍질 전체가 검게 그을리게 한다. 식힌 뒤 껍질을 제거한다. 만약 오븐에서 굽는다면, 껍질을 제거하여 4등분으로 썬다. 올리브오일 1큰술을 발라 기름종이를 깐 오븐틀에 나란히 놓는다. 피망의 껍질에 부분적으로 검은 반점이 생길 때까지 15~20분 동안 굽는다. 탄 부분을 먹고 싶지 않다면 껍질을 벗기고 만약 그 부분을 좋아한다면 제거하지 않고 먹는다. 만약 오늘 직접 피망을 구울 여유가 없다고 느껴진다면 가게에서 구운 피망을 사도 괜찮다.

마리네이드 새우, 셀러리와 그린 올리브

Marinated Shrimp, Celery, and Green Olives

나는 주말에 무얼 할까 생각하는 중이다. 피크닉을 갈까? 해변으로? 공원으로? 아니면 주차장? 당신이 미리 준비하는 한 주말나들이 중 어디에 잠깐 정차할지는 크게 상관이 없다. 이 샐러드는 오래 마리네이드 될수록 맛이 좋아지고 나눠먹을 만큼 양이 충분하기 때문에 정말 유용하다. 최고다.

재료 · 만들기(토스트 10장)

- 설탕 3큰술
- 소금 3큰술
- 월계수 잎 3장
- 새우 12~15마리, 껍질을 벗기고 내장을 제거한다.
- 종려나무 순 캔 1개 425g, 물을 따라내고 슬라이스한다.
- 셀러리 줄기 2~3개, 0.3cm 두께로 비스듬히 썬다. (약 1 ½컵, 채칼로 썰면 편하다)
- 카스텔베트라노 올리브 130g(또는 다른 풍부한 맛의 그린 올리브), 씨를 제거하여 다진다.
- 파슬리 가루 30g
- 마르코나 아몬드 또는 껍질을 벗기거나 소금간이 되어 있는 아몬드 60g
- 양파 1개, 4등분해서 채 썬다.
- 신선한 레몬즙 5큰술
- 아몬드 또는 올리브오일 3큰술
- 0.6cm 두께로 자른 통밀 사워도우 브레드 10조각, 기름을 충분히 두르고 팬 토스트한다.(16쪽 참조)

1. 중간 크기 냄비에 물을 붓고 강불에 올린다. 소금, 설탕, 월계수 잎을 넣고 뚜껑을 닫아 약 10분간 끓인다. 새우를 넣고 불투명해질 때까지 4~6분간 끓인다. 새우를 건져내어 한쪽에 따로 놓고 식힌다(시간을 단축하고 싶다면 찬물에 헹군다).
2. 새우가 익는 동안 커다란 볼에 종려나무 순, 셀러리, 파슬리, 올리브, 아몬드, 양파, 레몬즙과 오일을 섞는다.
3. 새우를 2~3조각으로 가로로 얇게 썬 다음 대각선으로 2~3조각으로 썬다. 남은 샐러드와 섞은 다음 뚜껑을 덮고 냉장고에서 20분 이상 냉장 보관한다.
4. 차갑게 식은 새우 샐러드를 토스트에 올린다.

무화과 바냐카우다와 물냉이

Fig Bagna Cauda and Watercress

나는 앤초비 광이고,(91쪽에 더 자세히 나와 있다) 바냐카우다는 나 같은 사람들을 위한 앤초비를 액체 상태로 먹는 이탈리아식 조리방법이다. 전통적으로 내가 제일 좋아하는 작은 생선과 마늘버터와 올리브오일로 구성된 뜨겁고 묽은 딥이다. 나는 이것을 스프레드 속에 넣고 내가 좋아하는 다른 재료들을 추가한다. 그렇지만, 앤초비를 너무 아끼지 말아라! 한번 시도해봐라. 앤초비는 다른 모든 것들의 맛에 대한 미각을 상승시켜준다. 이 스프레드는 미리 만들어놓을 수 있고 냉장고에서 며칠 동안 보관 가능하다. 이 레시피는 이 책에서 내가 가장 좋아하는 레시피 중의 하나이다.

재료 · 만들기(토스트 10장)

- 말린 무화과 8개
- 케이퍼 1큰술, 물을 따라낸다.
- 마늘 1쪽
- 민트 잎 10장
- 앤초비 살코기 5마리
- 씨를 발라낸 칼라마타 올리브 250g
- 염소치즈 110g, 부드럽게 해둔다.
- 후추 ½작은술
- 물냉이 한다발 150g, 줄기를 다듬어둔다.
- 다진 호두 80g
- 신선한 레몬즙 3큰술
- 0.6cm 두께로 자른 흑호밀빵, 흑빵 또는 퀴노아 밀레 브레드 10조각

1. 오븐을 180℃로 예열한다.
2. 무화과, 케이퍼, 마늘, 민트, 앤초비와 올리브를 믹서기로 퓨레 상태가 되도록 간다(올리브 병에 남아 있는 액체를 약간 넣는 것도 나쁘지 않다).
3. 완성된 페이스트를 작은 볼에 옮기고 염소치즈와 후추를 섞는다.
4. 다른 작은 볼에, 물냉이, 호두와 레몬즙을 섞는다.
5. 빵에 무화과 바냐카우다를 고르게 바르고 테두리가 있는 오븐틀에 늘어놓는다. 오븐에서 8~10분 또는 스프레드가 약간 구워질 때까지 데운다.
6. 토스트 위에 물냉이 샐러드를 얹는다.

병아리콩과 초리조

Chickpea and Chorizo

이 토스트는 저녁식사용 토스트이다. 보기에도 멋지고 포크와 나이프로 먹는 요리같다. 아보카도는 여기에서 부드러운 중간자로서 역할을 하지만 빵을 오일에 팬 토스트하거나 마요네즈를 발라서 팬 토스트하거나 또는 아보카도를 생략할 수도 있다. 구멍을 뚫은 체리토마토는 감미로운 즙을 흘려보내 요리의 맛을 더 좋게 해준다. 그린샐러드와 함께 서빙해서 누구라도 테이블로 초대하라.

재료 · 만들기(토스트 10장)

- 샬롯 2개, 다진다.
- 올리브오일 2큰술
- 신선한 초리조 225g, 얇게 썬다.
- 토마토 페이스트 3큰술
- 방금 간 통후추 ½작은술
- 레드칠리 페퍼 플레이크 ½작은술
- 병아리콩 1캔 425g, 물로 헹군다.
- 화이트와인 8큰술
- 셰리 식초 1작은술
- 잘 익은 아보카도 1개, 껍질을 벗기고 씨를 발라낸다.
- 1.2cm 두께로 자른 사워도우 호밀빵 6조각, 플레인 올드 토스트 테크닉으로 굽는다.(18쪽 참조)
- 신선한 레몬즙 2큰술
- 소금 ½작은술
- 다진 파슬리 2큰술
- 다진 고수 2큰술

1. 커다란 팬을 중불에 올리고 샬롯을 부드러워질 때까지 약 5분간 기름에 볶는다. 초리조를 더하여 1~2분간 더 볶는다. 토마토를 추가해 토마토가 부드러워지고 주스가 흘러나오도록 5분 정도 더 익혀준다.
2. 걸죽해지도록 토마토 페이스트를 넣고 후추와 칠리 플레이크를 뿌린다. 잘 섞어준 뒤 병아리콩, 와인과 식초를 넣고 액체가 날아갈 때까지 졸인다.
3. 아보카도를 토스트 위에 으깨어 발라주고 레몬즙과 소금을 뿌린다.
4. 토스트 위에 초리조와 병아리콩 믹스를 올려주고 파슬리와 고수를 뿌린다.

미리 계획을 세워라! 당신은 초리조-병아리콩 믹스를 2일 전에 미리 만들어 놓을 수 있다.

타이 크랩과 오이

Thai Crab and Cucumber

이 토스트는 내가 어머니와 동남아시아에서 보낸 시간과 음식들로부터 영감을 받은 꿈의 토스트이다. 시트러스와 피시소스는 코코넛과 오이로 균형을 잡는다. 만약 아침에 정신이 번쩍 나는 메뉴를 원한다면 기름에 고추를 넣어두어라. 나는 이 레시피에서 2개의 작은 오이를 준비해서 사용하지만 ¼ 정도로도 충분하다.

재료 · 만들기(토스트 6장)

- 코코넛오일 3큰술
- 마늘 2쪽, 으깬다.
- 세라노 고추 1개, 심과 씨를 제거하고 곱게 다진다.
- 다진 커비오이 ½컵(한국 오이 1개 분량)
- 잘게 깍둑썰기한 자색 양파 1개
- 곱게 다진 고수 2큰술
- 곱게 다진 민트 2큰술
- 신선한 레몬즙 2큰술
- 신선한 라임즙 3큰술
- 피시소스 ¼작은술
- 게살 170g
- 0.6cm 두께로 자른 브리오슈, 바게트, 치아바타나 비슷한 종류의 부드러운 흰 빵 6조각
- 얇게 썬 오이 1개

1. 오븐을 180℃로 예열한다.
2. 작은 소스팬을 약불에 올리고 오일, 마늘과 고추를 넣는다. 마늘이 지글지글한 소리를 내기 시작할 때까지 오일을 달군다. 불을 끄고 마늘과 고추를 버린다. 오일을 작은 볼로 옮겨 담는다.
3. 중간 크기 볼에 다진 오이, 양파, 고수, 민트, 레몬즙, 라임즙과 피시소스를 넣는다. 게살과 마늘, 고추 향이 밴 오일 2큰술을 함께 섞어준다.
4. 남은 오일을 빵에 붓으로 바르고, 약 10분간 오븐 토스트한다.
5. 토스트 위에 얇게 썬 오이를 얹고 그 위에 게살 믹스 3큰술 정도를 올려준다.

파프리카 셰리 쉬림프 스킬렛

Paprika Sherry Shrimp Skillet

스킬렛에 담은 그대로 저녁식사를 차린다는 것은 따뜻하게 보온하는 능력과 예쁜 프레젠테이션, 그리고 설거지 할 접시가 한 개도 안 된다는 뜻이다. 당신이 이겼다. 그렇다고 이게 경쟁이라는 건 아니다.

재료 · 만들기(토스트 6장)

- 올리브오일 3큰술
- 셰리 식초 4큰술, 마무리에 사용할 식초 약간
- 마늘 2쪽, 으깬다.
- 월계수 잎 1장
- 파프리카 ½작은술, 가니쉬용으로 약간 더
- 새우 225g, 껍질을 벗기고 내장을 제거한다.
- 가느다랗게 자른 레몬 껍질 3조각
- 신선한 레몬즙 2큰술
- 0.6cm 두께로 자른 미쉬 브레드나 발효빵 6조각, 오일을 발라 오븐 토스트하여 더욱 바삭하게 만든다.(18쪽 참조)

1. 중간 크기 볼에 오일, 식초, 마늘, 월계수 잎과 파프리카를 함께 섞는다. 새우를 넣고 덮개를 덮어 30분간 냉장고 안에 넣어 마리네이드한다.
2. 스킬렛을 중강불에 올려 예열하고 새우와 마리네이드한 양념을 함께 스킬렛에 올린다. 레몬 껍질과 레몬즙을 더하여 새우가 불투명해질 때까지 5~6분 동안 가볍게 볶아준다.
3. 셰리 식초를 끼얹고 파프리카를 뿌려 장식한다.
4. 테이블에 빵과 새우가 들어 있는 스킬렛째 차린다.

연어와 고수 크렘 프레쉬

Chile – Orange – Cured Salmon with Cilantro Crème Fraîche

칠리 오렌지에 절인 연어는 훈제연어와 그 맛이 비슷하다. 약간 더 상냥하고, 좀 더 자연 그대로이고, 어떤 재료와도 잘 어울린다. 절인 연어는 하루 중 언제 먹어도 좋다. 생선가게에 당신이 연어를 절일 것이라고 말해 가시를 제거하고 살을 발라내는 데 특별한 주의를 기울이자.

재료 · 만들기(토스트 6장)*

- 칠리 파우더 2큰술
- 설탕 ¼컵
- 코셔 소금 ⅓컵
- 방금 간 통후추 약간
- 오렌지제스트(중간 크기 오렌지 약 1개 분량) 3큰술
- 껍질을 벗긴 연어 살코기 450g
- 굵게 다진 고수 40g
- 신선한 오렌지즙 1큰술
- 신선한 레몬즙 1큰술
- 크렘 프레쉬(또는 사워크림) 8큰술
- 0.6cm 두께로 썬 통밀 사워도우 브레드 또는 호밀빵 6조각, 플레인 올드 토스트 테크닉으로 굽는다.(18쪽 참조)

1. 작은 볼에 칠리 파우더, 설탕, 소금, 후추 1작은술과 오렌지제스트를 손가락으로 조물조물 주물러 제스트로부터 오일이 나오도록 만든다.
2. 연어 전체에 오렌지제스트 믹스를 고르게 문질러 바른다. 소금은 생선을 절일 때 약간의 공간을 필요로 하므로 연어를 랩으로 타이트하지만 너무 꽉 조이지는 않도록 감싸준다.
3. 랩으로 싼 생선을 접시에 놓고 다른 접시를 그 위에 올려놓는다. 이 상태로 냉장고에 넣고 무언가 무거운 것을 위에 올려 연어에 압력이 가해지도록 한다(무거운 그릇이나 돌을 이용한다).
4. 4일 후 생선을 꺼내 완전히 씻어낸다. 페이퍼타월을 이용해 가볍게 물기를 말리고 가능한 얇게 슬라이스한다. 이 연어를 하루 정도 또는 만약 좀 더 절여지길 원한다면 좀 더 놔둘 수도 있다(더 단단하고 풍미가 강해진다).
5. 유화 기능이 있는 블렌더를 이용해서 고수를 오렌지즙, 레몬즙과 갈아준 다음 크렘 프레쉬에 섞는다.
6. 크렘 프레쉬를 각 토스트에 2큰술 정도 발라주고 연어 몇 조각을 올리고 후추를 갈아 뿌린다.

* 토스트를 만들고 나서 꽤 많은 연어와 크림이 남을 것이다(다음주 식량이 생기니 좋다). 36쪽에 있는 훈제연어 레시피에서 훈제연어와 섞어 사용해보자. 아주 잘 어울리는 한 쌍이 된다.

로즈마리 케이퍼 참치 샐러드

Rosemary Caper Tuna Salad

메종 카이저의 에피바게트는 공감각을 경험하게 해준다. 그리고 부숑 베이커리는 그와 똑같은 커다란 행복한 에피바게트를 만든다. 만약 당신의 지역 베이커에게 당신을 위한 바게트를 하나 구워달라고 하면, 그도 똑같이 해줄 것이다. 바게트는 영감을 주는 밀가루 반죽 덩어리이다. 잎사귀의 형태를 한 바게트를 테이블에서 서로 뜯어먹으며 동지애를 북돋우자.

재료·만들기(토스트 12장)

- 올리브오일 8큰술
- 신선한 로즈마리 줄기 6개
- 물에 포장된 참치 통조림 4개 113g(만약 수입된 것을 사용한다면 기름포장) 물을 따라낸다.
- 마요네즈 4큰술
- 통겨자 2큰술
- 레몬제스트 4큰술
- 신선한 레몬즙 6큰술
- 오이 1개 또는 피클용 작은 오이 ½개, 깍둑썰기한다.
- 다진 파슬리 ½컵
- 케이퍼 ¼컵, 물을 따라내고 페이퍼타월로 말린다.
- 에피바게트(잎사귀 모양의 바게트) 1개, 대각선으로 잘라 오븐 토스트하고 말린다.(18쪽 참조)
- 비터 레터스 잎 12장

1. 중간 크기의 소스팬을 약불에 올리고 오일과 로즈마리 줄기를 넣어 로즈마리가 타지 않도록 주의하며 5~7분간 튀긴다. 로즈마리 줄기를 제거하고 오일을 작은 볼에 옮겨 식힌다.
2. 중간 크기 볼에 참치, 마요네즈, 머스타드, 레몬제스트, 레몬즙을 넣고 섞는다. 로즈마리 오일 ¼컵, 오이, 셀러리, 파슬리를 더하여 섞는다.
3. 중간 크기 스킬렛을 중강불에 올리고 로즈마리 오일 2큰술을 뿌린다. 케이퍼를 넣고 케이퍼가 바삭해질 때까지 3분 정도 튀긴다. 페이퍼타월에 식힌다.
4. 토스트 조각을 서로 반씩 걸쳐 이어지도록 늘어놓아 바게트 잎사귀들을 만들고 그 위에 남은 로즈마리 오일 2큰술을 뿌린다. 각각의 빵 위에 버터 레터스 잎, 참치 샐러드, 튀긴 케이퍼 약간을 차례대로 올린다. 식탁에 통째로 올려놓고 손님들이 빵 '잎사귀'들을 뜯어가며 먹게 한다.

국자가리비와 서양배-양파잼

Bay Scallops and Pear-Onion Jam

국자가리비는 특별히 달콤한 바다의 선물이다. 국자가리비를 서양배와 양파가 만나는 계절에 사용하라. 단지 후추로 균형을 잡는 것만 기억할 것. 다정한 맛은 구운 빵(그리고 가리비)에 의해 강화된다. 당신이 만약 그릴(또는 그릴팬)을 가지고 있다면, 날려버려라.

재료 · 만들기(토스트 6장)

- 다진 양파 500g(2개 분량)
- 올리브오일 3큰술, 빵을 팬 토스트할 때 사용할 약간 더
- 애플사이다 식초 1큰술
- 서양배* 1개, 씨를 바르고 다진다.
- 굵은 입자의 황설탕 120g
- 방금 간 통후추 약간
- 다진 로즈마리 1큰술
- 발사믹 식초 8큰술
- 신선한 로즈마리 가지 2개
- 국자가리비 30개(만약 국자가리비를 찾을 수 없다면 바다가리비 10개를 3등분으로 썬다.)
- 1.2cm 두께로 자른 호밀 또는 러스틱 사워도우 브레드 6조각

1. 중간 크기 팬을 중불에 올려 오일 3큰술을 두른 뒤 양파를 카라멜라이즈 되도록 15~20분간 볶는다. 애플사이다 식초를 팬에 두른다.
2. 서양배, 설탕 ¼컵, 후추 1큰술과 채 썬 로즈마리와 팬을 덮을 정도의 물을 더하여 20분간 또는 배가 부드러워질 때까지 졸여준다. 볼로 옮겨 약간의 덩어리를 남겨가며 으깨준다.
3. 작은 소스팬을 중약불에 올리고 발사믹 식초와 남은 설탕 ¼컵 그리고 로즈마리 가지를 넣는다. 식초가 줄어들 때까지 5~10분간 졸인다. 로즈마리 가지는 버린다.
4. 중간 크기 팬은 닦아내고 가리비를 중강불에서 45초~1분간 재빨리 구워준다. 구운 가리비는 식히고 만약 크기가 크다면 반으로 잘라준다.
5. 설거지를 줄이기 위해 같은 팬에 기름을 듬뿍 두르고 빵을 팬 토스트한다.
6. 토스트에 서양배-양파잼을 바르고 가리비를 위에 얹어준다. 로즈마리 발사믹을 뿌리고 마지막으로 후추를 갈아 뿌린다.

* 서양배가 없으면 사과도 괜찮다.

할아버지 정어리

Grandpa Sardines

정어리 토스트는 정어리만큼이나 맛있다. 인색하게 아낄 필요가 없다. 나의 할아버지는 정어리 통조림을 사랑했다. 할아버지는 확실히 정어리 통조림이 매우 평범한 파티 음식이던 시대의 사람이긴 하다. 요즘 스타일이 아닐지 모르겠지만, 할아버지는 언제나 옳다.

재료 · 만들기(토스트 4장)

- 올리브오일 4큰술
- 다진 고수 1컵
- 마늘 1쪽
- 신선한 레몬즙 2큰술
- 레드칠리 플레이크 ½작은술
- 1.2cm 두께로 자른 부드러운 그레이니 통밀빵, 팬 토스트한다.(16쪽 참조)
- 좋은 품질의 오일담금 정어리 통조림 1개 110g
- 레몬제스트 1큰술

1. 푸드 프로세서나 유화 기능이 있는 블렌더를 이용해서 오일, 고수, 마늘, 레몬즙과 칠리 플레이크를 돌렸다, 멈췄다 하는 기능으로 갈아 걸쭉한 퓨레 상태로 만든다.
2. 완성된 고수 소스를 토스트에 고르게 바르고 그 위에 정어리를 으깨어가면서 올려준다. 접시에 담고 레몬제스트를 흩뿌린다.

남는 정어리가 있다면?
건포도, 잣, 다진 브로콜리와 함께
리본 모양 파스타에 넣어 페코리노치즈를 넣고
먹어치운다. 냠냠~

BONI®
BONI

고수 새우 샐러드

Cilantro Shrimp Salad

이 부드러운 아보카도는 소스, 스프레드, 딥, 그리고 드레싱으로도 사용할 수 있다. 내가 알고 있는 토스트들 중 가장 좋아하는 조합의 토스트에 이 아보카도 소스가 많이 들어간다. 약간 매콤한 맛을 원한다면 아보카도-요거트 소스에 햄을 추가한다.

재료 · 만들기(토스트 8장)

- 소금 2큰술+1작은술
- 설탕 2큰술
- 월계수 잎 2장
- 중간 크기 새우 450g 껍질을 벗기고 내장을 제거한다.
- 다진 고수 1컵, 가니쉬로 사용할 약간 더
- 신선한 라임즙 4큰술
- 올리브오일 3큰술
- 잘 익은 아보카도 1개, 씨를 발라내고 껍질을 벗긴다.
- 플레인 요거트 80ml
- 양상추 잎 12~14장
- 1.2cm 두께로 자른 그레이니 브레드, 오일에 팬 토스트한다. (16쪽 참조)

1. 중간 크기의 냄비에 물을 담고 소금 2큰술, 설탕과 월계수 잎을 넣어 뚜껑을 닫고 10분 정도 강불로 끓인다. 새우를 넣고 새우가 불투명해질 때까지 4~6분 동안 끓인 다음 물을 버리고 식힌다(식힐 시간이 없다면 얼음물에 새우를 담근다).
2. 유화 기능이 있는 블렌더나 푸드 프로세서를 사용해 고수 1컵, 라임즙, 오일과 남은 소금 1작은술을 넣고 부드러워질 때까지 퓨레 상태로 갈아준다. 아보카도를 더하여 멈추고, 갈기를 pulse 기능을 이용해 반복하여 소스가 하나가 되도록 갈아준다. 부드러운 질감이 될 때까지 요거트에 넣고 저어준다. ← 침이 질질!
3. 새우가 차가워지면, 가로 방향으로 반으로 자르고 2.5cm 크기로 잘라준다. 자른 새우를 아보카도-요거트 소스에 넣어준다.
4. 양상추 잎 1~2장을 토스트에 깔고 새우 샐러드를 크게 한 스푼 떠서 펴바른다. 고수로 장식한다.

프렌치 어니언 토스트

French Onion Toast

나는 택시 뒷자석에 앉아 내 뱃속의 악마를 잠재울 만한 무엇인가를 주문하기 위해서, 몽롱한 상태로 내가 자주 가는 식료품점의 전화를 검색하면서도 이 짭짤한 프렌치토스트를 만드는 것을 전혀 생각해내지 못했다. 내가 핸드폰의 주소록을 검색하자 택시 운전사는 잠시 차를 세우고 어서 전화를 하라고 재촉했다. 나는 24시간 영업을 하는 프랑스 식당이 있는 시내까지 가는 동안에도 기사는 계속 주변을 잘 살펴보라고 종용했다. 짜증도 나고 배도 고파 이성적인 판단을 할 수 없는 상태로 난 택시에서 내려 카페로 달려갔다. 문득 프렌치 어니언 수프가 눈에 들어왔고, 그렇게 수프 한입을 먹는 순간 강렬한 계시를 받았다. 그 계시는 다음 날 내가 냅킨에 휘갈겨 적은 것을 다시 꺼내볼 때까지도 계속 머릿속에 남아 있었다.

재료·만들기(토스트 8장)

- 무염 버터 4큰술
- 양파 2~3개, 4등분하고 채 썬다.
- 소금 1작은술
- 방금 간 통후추 약간
- 우유와 크림을 섞은 것(생크림으로 대체해도 된다) 250ml
- 달걀 3개
- 쇠고기 육수 125ml
- 우스터 소스 ¼작은술
- 어니언 파우더 ½작은술
- 넛맥 약간(선택사항)
- 3.5cm 두께로 자른 오래되고 단단한 바게트 8조각
- 그뤼에르치즈 8조각
- 겨자 잎이나 루꼴라 같은 쌉살한 녹색채소 3컵

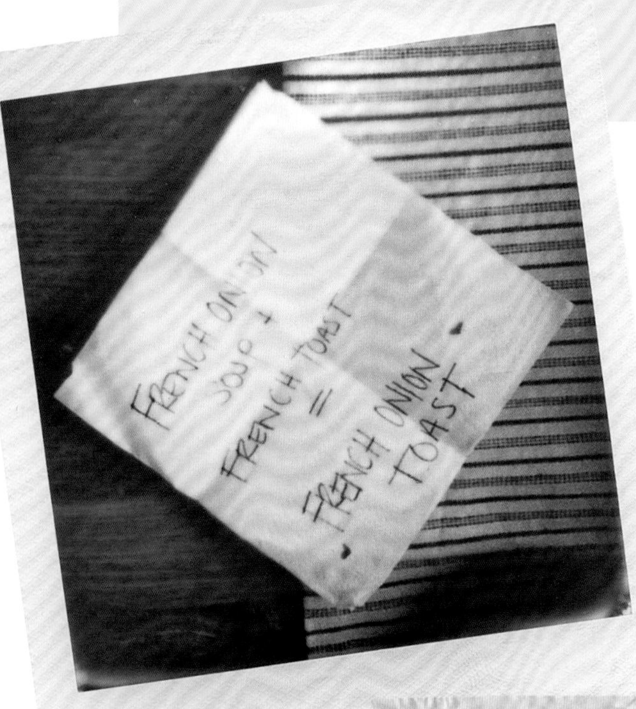

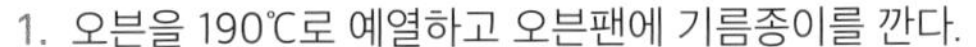

1. 오븐을 190℃로 예열하고 오븐팬에 기름종이를 깐다.
2. 중간 크기 팬을 약불에 올리고 버터 2큰술을 녹인 뒤, 양파가 카라멜라이즈 되도록 소금 후추를 뿌려 30~40분 동안 볶아 잠시 놓아둔다.
3. 중간 크기 볼에 우유와 크림 섞은 것, 달걀, 육수, 우스터 소스, 어니언 파우더와 넛맥을 거품기로 휘저어준다.

4. 3단계에 빵을 담가(약 2초 정도) 빵이 크림을 빨아들이게 한다. 빵을 접시에 놓고 1분 정도 기다린다.
5. 중간 크기 팬을 중불에 올리고 버터 1큰술을 녹인다. 적신 빵을 팬에 한 더미씩 올리는데 팬에 너무 가득차지 않도록 주의한다. 한쪽 면이 황금색이 되고 단단해질 때까지 2~4분 구워준 뒤, 뒤집어서 다른 면도 같은 방식으로 굽는다. 남은 버터를 사용해서 나머지 토스트들도 같은 방법으로 반복한다.
6. 준비해둔 오븐팬에 토스트를 놓는다. 각각의 빵에 카라멜라이즈 한 양파와 그뤼에르치즈 조각을 넉넉하게 얹어주고 5~8분 동안, 또는 치즈가 녹을 때까지 구워준다.
7. 샐러드 채소와 함께 뜨거울 때 먹는다.

신선한 정어리와 파슬리-살구 그레몰라타

Fresh Sardines and Parsley–Apricot Gremolata

이 레시피에는 약간의 재료만 들어간다. 준비하기 어렵지는 않지만 오히려 완벽한 식사가 된다. 올리브의 씨를 빼는 팁을 주자면, 올리브를 도마에 적당히 쏟고, 커다란 식칼의 옆면으로 몇 개씩 한번에 누른 다음, 씨가 빠져나올 때까지 부드럽게 칼을 앞뒤로 굴린다. 그러면 쉽게 씨를 제거할 수 있다.

재료 · 만들기(토스트 12장)

펜넬 샐러드
- 펜넬 1개
- 카스텔베트라노 또는 다른 그린 올리브 130g, 씨를 발라내어 다진다.
- 다진 민트 ¼컵
- 신선한 레몬즙 2큰술

그레몰라타
- 다진 파슬리 ½컵
- 말린 살구 3개, 다진다.
- 마늘 3쪽
- 신선한 오레가노 잎 2큰술
- 레몬제스트 1큰술
- 신선한 레몬즙 2큰술
- 샴페인 식초 2큰술
- 올리브오일 2큰술

정어리 토스트
- 신선한 정어리 6마리, 깨끗이 씻어 비늘과 내장을 제거하고 살코기만 발라낸다(생선가게에 이렇게 다듬어줄 수 있는지 물어본다).
- 소금 ½작은술
- 방금 간 통후추 ½작은술
- 올리브오일 30ml
- 1.2cm 두께로 자른 치아바타 빵 12조각, 정어리 모양에 맞춰 대각선으로 자른다.
- 종이처럼 얇게 썬 레몬 슬라이스 24조각

1. 오븐을 190℃로 예열하고 오븐틀에 기름종이를 깐다.
2. 펜넬 샐러드를 만든다 : 채칼을 가장 얇은 두께로 맞춰놓고 펜넬을 채칼로 슬라이스해서 볼에 담는다. 올리브, 민트, 레몬즙과 섞어 한쪽에 둔다.
3. 그레몰라타를 만든다 : 유화 기능이 있는 블렌더를 이용하여 파슬리, 살구, 마늘, 오레가노, 레몬제스트, 레몬즙, 식초와 오일을 덩어리가 거의 없을 정도로 갈아서 한쪽에 둔다.

4. 정어리를 만든다 : 정어리를 가로 방향으로 반으로 자르고 소금과 후추를 뿌린다. 중간 크기 스킬렛을 중불에 올리고 오일을 뿌리고 스킬렛을 달군다. 정어리를 팬에 올려 한 면당 3~5분 정도 바삭바삭해질 때까지 익힌다.
5. 그레몰라타를 빵 위에 바르고 빵 한 조각에 정어리 한 마리 반을 얹는다. 레몬 슬라이스를 생선 위에 올린다. 빵을 준비해둔 오븐틀에 올려 10~12분 또는 정어리가 완전히 익고 레몬이 약간 달라붙을 때까지 굽는다.
6. 토스트 위에 펜넬 샐러드를 올리거나 옆에 곁들인다.

구운 주키니 호박과 보타르가

Grilled Zucchini and Bottarga

보타르가는 숭어의 어란주머니로 만들어진 두개의 엽lobe이다. 이 어란은 아주 작은 금색의 알로 얇은 케이싱으로 고정된다. 보타르가는 마트에 입점되기 전에 염장하고 압력을 가해 말린다. 보타르가를 굽는 것은 일본식이다. 만약 보타르가가 왁스에 들어 있으면 왁스를 제거하는데 어란의 진짜 자연적인 케이싱(얇은 막)에 구멍을 내지 않도록 주의해야 한다. 만약 왁스처리되지 않았다면, 아래의 레시피 과정으로 바로 진행한다. 보타르가의 맛은 앤초비와 연어알의 중간 정도이다. 짭짤하고 바다내음이 나지만 아직 부드럽고 둥근 모양이다.

재료 · 만들기(토스트 8장)

- 0.6cm 두께로 자른 치아바타 8조각
- 올리브오일
- 파마산치즈 가루 500g
- 주키니 2개, 가로 방향으로 반으로 썬다.
- 보타르가 한 덩어리 85g
- 셀러리 줄기 1~2개, 얇게 반달썰기한다.
- 레몬제스트 1작은술
- 신선한 레몬즙 1큰술

1. 빵에 오일을 붓칠하고 뜨거운 그릴이나 그릴팬에 올려 중강불에서 굽는다. 그릴 자국이 생길 때까지 구운 뒤, 뒤집는다. 온도를 중불로 낮추고 구워진 빵 위에 파마산치즈를 고르게 뿌린다. 치즈가 녹을 때까지 온도를 유지해주고 토스트를 한쪽으로 치워둔다.
2. 주키니에 올리브오일을 바르고 주키니와 보타르가 덩어리를 통째로 그릴 자국이 생길 때까지 7~10분간 굽고, 한 번 뒤집어서 양면을 구워준다. 주키니를 1.2cm 두께의 반달 모양으로 자른다.
3. 중간 크기 볼에 주키니와 셀러리, 오일 1큰술, 레몬제스트와 레몬즙을 넣는다.
4. 토스트 위에 레몬 향의 채소를 올린다.
5. 구운 보타르가를 얇게 슬라이스하고 토스트 위에 얹어서 먹는다.

랍스터 까르보나라

Lobster Carbonara

이 레시피에서는 고급스러운 재료를 사용한다. 토스트로서 상상되는 클래식한 까르보나라에 약간의 랍스터 살을 더하는 것은 레고처럼 다양하게 바꿀 수 있다. 삶은 감자와 옥수수와 함께 곁들이는 것은 말할 것도 없이 차이브 버터는 모든 해산물을 굽는 데 유용할 것이다(이 레시피에서 남는 차이브 버터가 생긴다). 까르보나라 토핑은 아주 쉽게 만들 수 있고 오레끼에떼('귀'라는 이름의 작고 둥근 모양의 파스타)와 섞어서 먹을 수도 있다. 빵에 마요네즈를 듬뿍 바르고 랍스터를 얹은 다음 차이브와 레몬제스트를 뿌려보자.(84쪽)

재료 · 만들기(토스트 8장)

- 다진 차이브 ½컵과 고명으로 얹을 차이브 약간
- 파마산치즈 가루 3큰술
- 무염 버터 4큰술
- 1.2cm 두께로 자른 부드러운 치아바타 또는 브리오슈 8조각
- 다진 판체타 112g
- 마늘 1쪽, 으깬다.
- 곱게 다진 양파 1컵
- 크렘 프레쉬 ½컵
- 달걀 1개
- 달걀 노른자 1개
- 페코리노 가루 ½컵
- 방금 간 통후추 ½작은술
- 익힌 랍스터 85g, 1.2cm 크기로 깍둑썰기한다.

1. 오븐을 180℃로 예열한다.
2. 차이브, 파마산치즈와 버터를 블렌더나 푸드 프로세서로 섞는다. 치즈 차이브 버터를 빵에 고르게 바르고 오븐틀에 올린다. 빵을 오븐에서 황금빛이 될 때까지 8~10분간 굽고 한쪽에 둔다.
3. 빵이 구워지는 동안, 중간 크기 팬을 중약불에 올리고 판체타를 지방이 녹을 때까지 약 3분 정도 익힌다. 마늘과 양파를 더하고 부드러워질 때까지 5~7분간 볶는다.
4. 불을 낮추고 크렘 프레쉬를 넣고 은근히 끓인다.
5. 작은 볼에 달걀과 달걀 노른자, 페코리노와 후추를 넣고 휘젓는다. 팬에 달걀 섞은 것을 더하고 크림에 섞이도록 1~2분간 젓는다. 마지막으로 랍스터를 더하고 골고루 익힌다. 토스트 위에 듬뿍 올리고 고명으로 차이브를 뿌린 다음 뜨거울 때 먹는다.

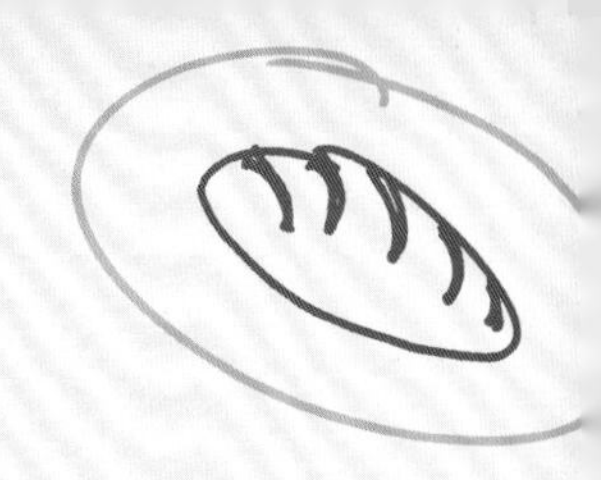

5 채식주의자 토스트

Veg Toasts

4 레디쉬 슬라이스 + 버터 + 굵은 소금

부라타(이탈리아 치즈)에 대해서 이야기해보자. 반은 고체이고 반은 액체인, 이 치즈는 녹아내리는 듯하고 부드럽게 발리는데다, 잘 드러나기도 한다. 그리고 이 치즈의 모든 장점은 그냥 갑자기 당신에게 다가온다. 이 치즈는 토마토와 어깨를 나란히 한다. 당신은 접시의 가운데 부라타를 미끄러뜨리고 그저 나이프를 가져다대는 것 외에 할 일이 없다. 이 치즈를 토스트에 넣는 것만으로도 신리가 간다. 올리브오일이나 소금을 뿌리거나 후추를 갈아 넣는 것은 강한 맛을 더해주고, 무화과 바냐카우다와 물냉이(97쪽)와 함께 짝을 이루면 좀 더 생동감을 준다. 만약, 부라타만으로는 맥이 빠진다고 느껴진다면 책에 수록된 다양한 곁들임을 참조해보는 건 어떨까.

* 타프나드나 로메스코 소스를 가게에서 꼭 사야 하는 것은 아니다.
당신 스스로 만들 수 있다. 구운 레드페퍼 한 병과 구운 잣 몇 큰술을
섞으면 손쉬운 로메스코가 된다. 좋은 품질의 올리브오일과 씨를 제거한
칼라마타를 섞어 타프나드를 만들 수 있다.

ROMESCO*

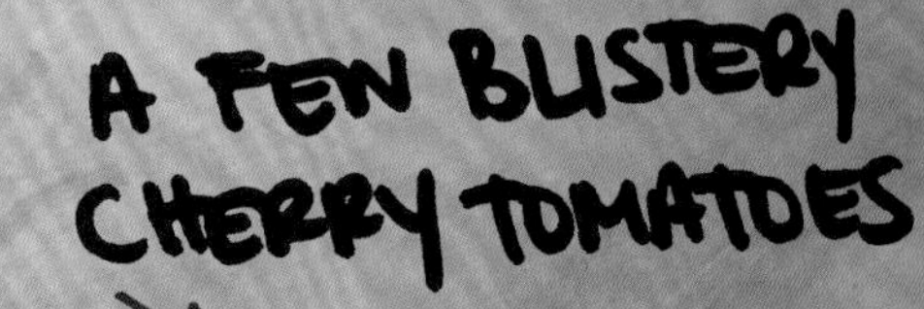

OLIVE TAPENADE

ALWAYS TRUSTY
SMASHED AVOCADO

라디키오와 사과

Grilled Radicchio and Apples

무언가 가볍게 먹고 싶지만 저녁식사 테이블에서 샐러드와 단둘이 외로운 밤을 보내는 것을 견딜 수 없다면 어떻게 해야 할까? 아무도 적색 치커리를 구석에 놓지 않는다. 굽는 것만이 당신을 댄스 플로어로 이끄는 티켓이 될 것이다.

재료 · 만들기(토스트 6장)

- 라디키오(적색 치커리) 머릿부분
- 올리브오일, 그릴할 때 사용할 분량
- 사과 1개
- 다진 차이브 ¼컵과 입맛에 따라 약간 더
- 신선한 레몬즙 1큰술
- 마늘 1쪽, 으깬다.
- 애플사이다 식초 1큰술
- 꿀 1큰술
- 사워크림 ¼컵
- 마요네즈 3큰술
- 버터밀크 3큰술
- 어니언 파우더 ¼작은술
- 소금 ½작은술
- 방금 간 통후추 ½작은술
- 0.6cm 두께로 자른 통밀빵 6조각, 팬 토스트 하거나 (16쪽 참조) 그릴에 굽는다.(18쪽 참조)

1. 라디키오를 4등분한다. 그릴이나 그릴팬을 강불에 올려 달군다. 라디키오에 오일을 바르고 부드러워질 때까지 약 4분간 굽는다. 그 다음 치커리를 채 썬다.
2. 사과의 심지를 발라내고 얇게 썰어 성냥개비 모양이 되도록 자른다. 차이브, 레몬즙과 함께 넣어서 섞어둔다.
3. 드레싱 만들기 : 중간 크기 볼에 마늘, 식초, 꿀, 사워크림, 마요네즈, 버터밀크*, 어니언 파우더, 소금과 후추를 섞는다.
4. 채 친 라디키오 약 ⅓컵을 각각의 토스트에 적당히 올리고 드레싱을 뿌린다. 토스트 위에 채 썬 사과를 올려 모양을 낸다.

* 버터밀크 대신에 플레인 요거트를 사용해도 좋다.

남는 드레싱은 샐러드에 뿌리거나
당근에 찍어 먹어도 좋다.

양념을 한 구운 양상추와 민트 페타 요거트

Spice Roasted Radishes and Mint Feta Yogurt

토스트에 양상추는 너무나도 고전적인 것이지만 여기에서는 양상추를 변형시켜보았다. 양상추를 굽고 양념을 한 다음, 허브소스를 곁들였다.

재료 · 만들기(토스트 6장)

- 잣 2큰술
- 시나몬 가루 ¼작은술
- 큐민 가루 ½작은술
- 고수 잎 가루 ½작은술
- 소금 1작은술
- 방금 간 통후추 ½작은술
- 올리브오일 3큰술, 위에 뿌릴 오일 약간 더
- 래디시 다발(8~10개)
- 페타치즈 ⅓컵, 가급적 산양유
- 플레인 요거트 120ml
- 민트 잎 10장, 굵게 다진다. 약 2큰술
- 레드 칠리 페퍼 플레이크 ½작은술
- 꿀 1작은술
- 레몬제스트 1큰술
- 신선한 레몬즙 1큰술
- 0.6cm 두께로 자른 통밀빵 6조각, 오일을 발라 오븐 토스트한다.(18쪽 참조)

1. 오븐을 200℃로 가열하고 오븐팬에 기름종이를 깐다.
2. 작은 드라이팬을 중강불에 올리고 잣을 3~5분간 굽는다. 접시에 옮겨 식힌다.
3. 중간 크기 볼에 시나몬, 고수 잎, 소금 ½작은술, 후추와 오일 3큰술을 섞는다.
4. 래디시를 씻고, 줄기를 제거하고 말려 4등분한다. 3단계의 향신오일에 래디시를 넣고 표면을 코팅한다.
5. 준비한 오븐팬에 래디시를 고르게 펼친다. 부드러워질 때까지 15~18분 정도 굽는다.
6. 양상추를 굽는 동안, 페타치즈, 요거트, 민트, 칠리 플레이크, 꿀, 레몬제스트와 남은 소금 ½작은술을 섞는다.
7. 민트 요거트를 뿌린 토스트에 양상추로 토핑을 하고, 레몬즙과 구운 잣을 뿌린다.

로메인과 배를 곁들인 구운 치즈

Grilled Cheese with Romaine and Bosc Pear

추억의 맛인 구운 오렌지 치즈는 토마토 수프와 함께 먹었던 어린 소녀시절, 그리고 프랑스에서의 우울한 가을날을 떠올리게 한다. 약간 후덥지근한 날, 마치 드레스 같은 오버사이즈의 등이 파인 스웨터와 낡아빠진 그리스식 샌들을 신고 세인트앤느 거리에 위치한 오래된 아파트에서 몸을 웅크리고 먹는 그런 느낌이다. 이런 날엔 포근하고 매혹적이고 당신의 몸무게를 의식하지 않는 바람직한 스낵이 요구된다.

재료 · 만들기(토스트 4장)

- 1.2cm 두께로 자른 풀맨 로프나 사워도우 브레드 4조각
- 영폰티나치즈 85g, 얇게 썬다.*
- 샴페인 식초 3큰술
- 디종 머스타드 ½작은술
- 올리브오일 4큰술
- 소금 ½작은술
- 방금 간 통후추 ½작은술
- 로메인 레터스 머리 부분, 거칠게 다진다.
- 배 1개, 얇게 채썬다
- 거칠게 다진 민트 잎 ¼컵
- 구운 호두 다진 것 2큰술(19쪽 참조)

1. 오븐을 180℃로 예열하고 오븐팬에 기름종이를 깐다.
2. 빵을 준비한 오븐틀에 올리고 치즈를 뿌려 치즈가 녹고 빵이 갈색을 띠기 시작할 때까지 10분 정도 굽는다.
3. 빵을 굽는 동안 식초, 머스타드, 오일, 소금과 후추를 섞어 드레싱을 만든다.
4. 커다란 볼에 로메인, 배, 민트를 넣고 드레싱과 함께 섞는다.
5. 치즈토스트 위에 샐러드를 얹고 호두를 곁들인다.

* 영폰티나치즈
이 치즈는 녹이는 데 매우 적합한 폰티나의 부드러운 버전이다.
만약 치즈 냄새가 미묘하게 좀 더 나는 것을 선호한다면 이 샐러드에
프로미 치즈를 사용할 수 있다. 가장 중요한 점은 알프스 치즈 스타일을
선택하는 것이다. 치즈 가게에 물어보자.

시금치와 완두콩

Spinach and Sweet Pea

이 토스트는 언제든 만들 수 있긴 하지만 확실히 여름에 가장 맛이 좋다. 레몬 향이 나는 시금치는 흙 내음 나는 콩의 빛나는 상대가 된다. 만약 탈레지오를 찾을 수 없다면 살짝 싸한 맛을 내는 에프와스치즈로 대체한다. 맛을 부드럽게 하려면 브리치즈를 사용한다. 그리고 만약 토핑을 하나로 만들고 싶다면 시금치와 완두콩 어린 싹을 나머지 재료와 섞는다. 그 다음 단순히 호박씨를 뿌린다.

재료 · 만들기(토스트 10장)

- 신선한 혹은 냉동 완두콩 2컵
- 신선한 민트 잎 8~12장
- 마늘 1쪽
- 올리브오일 2큰술
- 탈레지오 치즈 큐브 1컵, 껍질은 버린다.
- 소금
- 어린 시금치 1 ½컵
- 신선한 레몬즙 1큰술
- 0.6cm 두께로 자른 바게트 10조각, 오일에 팬 토스트한다. (16쪽 참조)
- 구운 무염 호박씨(19쪽 참조) ¼컵
- 완두콩 어린 싹 1컵
- 레몬 1~2개, 반으로 자른다.

1. 중간 크기 소스팬에 물을 가득 채우고 끓인다. 완두콩을 넣고 1분 동안 데친 후 물을 따라내고 찬물에서 식힌다(만약 냉동 완두콩을 사용한다면 단순히 뜨거운 물에 넣고 몇초 동안 굴려 해동시킨다). 톡톡 두드려 건조시킨다.
2. 푸드 프로세서나 유화 기능이 있는 블렌더를 사용해서 완두콩, 민트, 마늘과 오일을 섞는다. 탈레지오를 넣고 블렌더의 자르기 기능을 몇 번 눌러 합쳐준다. 덩어리가 약간 남아 있도록 한다. 소금으로 간한다.
3. 시금치에 레몬즙을 뿌린다.
4. 완두콩 퓨레를 토스트에 각각 고르게 바른다. 시금치를 깔고 그 위에 호박씨를 뿌린다. 완두콩 어린 싹으로 장식하고 위에 레몬즙을 자유롭게 짠다.

WHEN YOU HAVE A VERY SPECIAL TOMATO, MAKE A ... BIG TOMATO TOAST

토마토 토스트 매우 특별한 토마토가 있을 때, 커다란 토마토 토스트를 만들자. 토마토를 두껍게 썰고 같은 두께로 빵도 두껍게 썬다. 그리고 올리브오일과 허브로 팬 토스트한다. 허브는 바질이나 타임, 아니면 로즈마리나 오레가노를 사용한다. 노릇하게 맛있는 토스트가 완성되면 허브 향이 나는 바삭한 토스트 위에 두툼한 토마토 조각을 올리고 질 좋은 소금과 약간의 올리브오일을 뿌린다.

근사한 점심식사가 차려졌다.

당근 리본

Carrot Ribbons

감자칼은 다재다능한 도구이다. 감자칼을 단순히 거친 껍질을 벗겨내는 것보다 더 많은 곳에 활용하는 데 익숙해지자. 감자칼로 당근, 주키니, 오이, 비트, 아스파라거스, 감 등 모든 종류의 리본을 만들 수 있다. 나는 채소 리본을 만드는 것을 좋아하는데, 신선한 채소에 부드러움을 주고, 채소와 섞는 모든 드레싱을 잘 베게 해주기 때문이다. 당근 리본에 아가베시럽과 머스타드 그리고 내가 좋아하는 토핑인 골든 레이즌으로 달콤함과 톡쏘는 맛을 더하면 정말 맛있다.

재료 · 만들기(토스트 6장)

- 통겨자 1½작은술
- 애플사이다 식초 2작은술
- 아가베시럽 1작은술
- 골든 레이즌(크렌베리로 대체 가능) 100g
- 당근 2개, 필러를 이용해 세로로 길게 깎는다.
- 루꼴라 180g
- 레몬제스트 1작은술
- 0.6cm 두께로 자른 치아바타, 호밀 또는 세몰리나 건포도 빵 6조각, 헤비 소킹테크닉을 이용하여 오일에 팬 토스트한다.(16쪽 참조)

1. 중간 크기 볼에 머스타드, 식초, 아가베시럽, 레몬즙과 건포도를 넣고 섞는다. 10분 정도 둔 다음 오일로 섞는다.
2. 당근, 루꼴라, 레몬제스트를 마리네이드한 건포도에 넣고 섞는다.
3. 토스트에 당근 샐러드를 올린다.

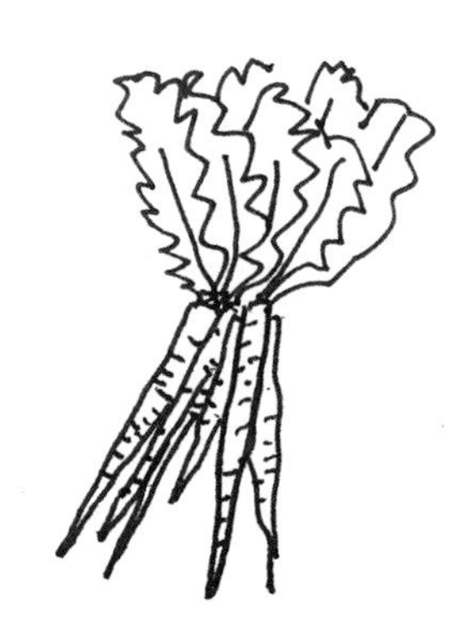

리코타치즈 토스트

Ricotta Cheese Toast

여기에 그저 당신이 참여하기만을 기다리고 있는 리코타 버라이어티쇼가 있다. 그렇지만 솔직해지자. 무언가가 당신을 멈추게 하고 있다. 그것은 바로 치즈용 면포이다. 그렇지 않은가? 면포를 사는 것을 기억하는 것은 리코타 만들기 전체의 과정을 귀찮게 만든다. 그렇지만 한번 면포를 사면, 대량의 리코타를 만들 수 있다. 하나의 리코타 레시피는 백만 가지 맛으로 변할 수 있다. 당신은 치즈를 만들기 위해 우유에 열을 가할 때 허브를 담글 수도 있고, 리코타치즈를 굳힌 다음 꿀을 넣거나 차려내기 직전에 잼으로 소용돌이를 만들 수 있다. 여기에 리코타 올스타팀의 토대와 정말 많은 토스트를 소개한다.

재료 · 만들기(토스트 4장)

- 우유 1000ml
- 헤비크림 ½컵
- 소금 ½작은술
- 신선한 레몬즙 2큰술과 치즈용 면포

1. 크고 무거운 소스팬을 중강불에 올리고 우유, 크림, 소금을 넣고 타지 않도록 계속해서 저으면서 끓인다. 우유크림이 끓기 시작하면 10~12분 동안 불을 낮춰 보글보글 끓인다.
2. 우유크림에 레몬즙을 넣고 계속 끓이면서 저어준다. 2분 정도 지나면 우유크림이 분리되기 시작한다. 오랫동안 분리되도록 놔둘수록 치즈는 단단해질 것이다.
3. 채나 거름망에 치즈용 면포를 깔고 커다란 볼 위에 걸쳐놓는다.
4. 면포를 깐 채에 분리된 크림을 붓고 걸러지도록 한 시간 정도 따로 놔둔다(마찬가지로, 오래 거를수록 치즈가 걸쭉해지고 짧게 거를수록 묽어진다. 이것은 단순히 맛의 차이일 뿐이다). 액체를 버리고 리코타를 볼에 옮겨 차가워질 때까지 식힌다.

보타르가 가루 1~2큰술을 섞고
보타르가를 깎아서 위에 얹는다.

TARRAGON
1단계에서 신선한 타라곤
줄기 2개를 넣었다가
4단계에서 줄기를 제거한다.
HONEY
4단계에서 꿀 2~3큰술을 섞는다.
BLUEBERRY
4단계 이후, 블루베리잼
3큰술을 적당히 섞는다.

골든 비트와 바두반 요거트

Golden Beets and Vadouvan Yogurt

바두반은 프랑스사람이 사용한 인도 커리 향신료이다. 이 향신료 블랜딩은 프랑스의 잔재가 강하게 남은 인도의 마을 퐁 디 셰리에서 유래했다. 이 향신료는 프랑스에서 훈련받은 리오 레브 세르카즈 셰프와 이자벨리 본이 운영하는 뉴욕의 향신료 가게 라 부아뜨에서 살 수 있다. 강황과 머스타드 파우더의 흙내음이 어우러진 바두반은 달콤한 맛이 난다.

재료·만들기(토스트 4장)

- 베이비 골든 비트 다발(또는 골든 비트 2~3개)
- 양파 1개, 다진다.
- 올리브오일 2큰술
- 바두반 1작은술
- 마늘 1쪽, 저민다.
- 플레인 그릭 요거트 240ml
- 소금 ½작은술
- 1.2cm 두께로 자른 씨앗이 들어있는 통밀빵 4조각

1. 오븐을 200℃로 예열한다.
2. 베이비 비트를 호일로 감싸 30~35분 정도, 포크로 으깰 수 있을 정도로 부드러워질 때까지 굽는다(만약 좀 더 커다란 비트를 사용한다면 40~45분간 굽는다). 식히고 껍질을 벗겨 0.6cm~1.2cm 두께로 자른다.
3. 커다란 팬을 약불에 올리고 오일을 뿌려 양파가 부드러워질 때까지 약 20분 정도 볶는다. 카라멜라이즈 되기 시작하면 바두반 ½작은술을 넣고 15분 동안 계속 카라멜라이징한다. 마늘을 더하여 5~7분 더 또는 마늘이 상당히 부드러워지고 양파가 완전히 카라멜라이즈 될 때까지 볶는다. 이제 식히자.
4. 작은 볼에 요거트, 소금, 식힌 양파를 섞는다.
5. 같은 팬을 강불에 올리고, 오일을 더 넣어서 빵을 한 면당 2분 정도 팬 토스트 하고 각 면에 남은 바두반 ½작은술을 뿌린다.
6. 토스트에 어니언 요거트를 바르고 둥글게 썬 비트를 올린다.

펜넬 파마산 슬로

Fennel Parmesan Slaw

이 레시피에는 채칼이 필요하다. 누구나 채칼 하나쯤은 갖고 있어야 한다. 내 채칼은 40달러를 주고 샀으며 8년 동안 사용하고 있다. 지금까지! 만약 요리학교에서 종이처럼 얇게 채 써는 기술을 배우지 않았다면 채칼을 사러 가라. 당신이 고른 채소를 칼날 위에서 단순히 앞뒤로 밀면 반투명한 가닥이 나온다. 당신이 손으로 채를 썰 시간이 많고 채 썰기 석학으로 증명 된 게 아니라면 이 레시피에서 채칼은 필수적이다. 식욕을 북돋아줄 더 나은 방법을 소개한다.

재료 · 만들기(토스트 6장)

- 작은 펜넬 구근 1개
- 중간 크기 사과 1개, 씨앗을 제거한다.
- 파마산 56g
- 석류씨 2큰술
- 신선한 라임즙 3큰술
- 신선한 레몬즙 2큰술
- 0.6cm 두께로 자른 이탈리안 러스틱 브레드, 또는 치아바타빵 6조각, 마요네즈를 발라 팬 토스트한다.

1. 채칼을 사용하여 펜넬, 사과와 파마산치즈를 0.3cm 정도로 얇게 채 썬다. 채 썬 조각들이 거의 반투명한 정도로 얇게 썰어야 한다. 파마산은 덩어리가 질 수도 있는데, 상관없다. 중간 크기 볼에 담는다.
2. 석류씨, 라임즙, 레몬즙을 펜넬, 사과, 파마산이 담긴 볼에 넣고 가볍게 섞는다.
3. 토스트 각각에 슬로 ½을 쌓는다.

나는 감귤류의 상쾌한 맛과 시트러스 그 자체를 좋아하기 때문에 슬로에 오일이나 지방을 넣지 않는다. 그렇지만, 올리브오일 1큰술을 추가하는 것은 나쁘지 않다. 그리고 당신은 약간 기름진 맛 때문에 오일을 넣은 슬로를 더 좋아할 수도 있다.

얇게 저민 아스파라거스와 세라노바질 버터

Shaved Asparagus and Serrano–Basil Butter

약간 매콤한 버터를 만드는 데는 특별히 간편한 방법은 없으므로 손으로 만들어서 냉장고에 보관해두고 옥수수빵에 발라먹거나 구운 채소의 맛을 음미해보자. 어떤 방법으로 만들든, 스파이시버터는 군침 도는 저녁식사 분위기를 만들어준다.

재료 · 만들기(토스트 6장)

- 무염 버터 8큰술, 부드럽게 해둔다.
- 다진 세라노 페퍼 2개, 아주 매운 맛을 원하면 씨앗을 넣고 보통 매운 맛을 원하면 씨앗을 제거한다.
- 바질 잎 10장
- 라임제스트 2큰술
- 아스파라거스 다발, 가능하다면 큰 것으로 다듬어 놓는다.
- 다진 고수 ¼컵
- 신선한 라임즙 2큰술
- 올리브오일 1큰술
- 소금 약간
- 0.6cm 두께로 자른 빵 또는 미쉬브레드 8조각, 황금빛이 될 때까지 오븐 토스트한다.(18쪽 참조)

1. 유화 기능이 있는 블렌더로 버터, 고추, 바질, 라임제스트를 고추가 가루가 될 때까지 갈고 한쪽에 둔다.
2. 감자칼로 아스파라거스를 긴 가닥이 되도록 세로로 길게 깎아준다. 커다란 볼에 담고 고수, 라임즙, 오일, 소금을 더하여 섞는다.
3. 각 토스트에 버터를 고르게 바른다(토스트 1장당 약 2작은술). 아스파라거스 샐러드를 버터 토스트 위에 얹는다.

화이트빈 아보카도

White Bean Avocado

다른 버전의 아보카도 토스트를 만들어보자. 화이트빈과 허브를 섞어 함께 으깨면 완전히 새로운 맛이 나온다.

재료·만들기(토스트 6장)

- 올리브오일 5큰술
- 마늘 2쪽, 얇게 저민다.
- 바질 잎 3 또는 4장
- 다진 오레가노 2작은술
- 다진 타임 1작은술
- 카넬리니 빈 통조림 1개 425g, 물에 헹궈낸다.
- 잘 익은 아보카도 1개, 씨를 발라내고 껍질을 제거한다.
- 신선한 레몬즙 1작은술
- 어니언 파우더 ½작은술
- 소금 1작은술
- 방금 간 통후추 ½작은술
- 1.2cm 두께로 자른 7곡빵 6조각
- 카이엔, 칠리 파우더 또는 시치미 토가라시 약간

1. 작은 팬에 오일을 뿌리고 중불에 올려 마늘을 바삭해 질 때까지 약 3분 정도 튀긴다.
2. 마늘을 페이퍼타월에 옮겨 건조시킨다. 오일은 팬에서 식힌다.
3. 오일이 약간 식으면 유화 기능이 있는 블렌더를 사용하여 바질, 오레가노, 타임과 함께 간다(만약 블렌더를 사용하지 않는다면, 허브를 곱게 다져서 볼에 담고 마늘 오일을 섞어준다).
4. 중간 크기 볼에 콩, 아보카도, 레몬즙, 어니언 파우더, 소금, 후추, 허브오일 1큰술을 섞어 으깬다.
5. 남은 허브-갈릭오일에 빵을 각 면당 2분 정도 빵이 황금빛을 띨 때까지 팬 토스트한다.
6. 아보카도-콩 페이스트를 토스트에 고르게 바른다. 튀긴 마늘을 위에 얹고 카이엔을 가볍게 뿌린다.

버섯 덩어리

Mushroom Hunks

어떤 여자들은 옷차림을 기억한다. 나는 식사를 기억한다. 나는 몇 년 전에 첼시에서 버섯을 듬뿍 쌓아 올린 토스트를 먹었고 내가 스스로 그 토스트를 만들 이유가 생길 때까지 버섯 토스트에 대한 백일몽을 꿨다. 이 토스트는 간단하지만 감미롭다. 너무나 매력적인 토스트이다.

재료 · 만들기(토스트 6장)

- 무염 버터 8큰술
- 타임 줄기 4가지에서 나온 잎 약 2작은술
- 잎새버섯, 샨트렐 또는 느타리버섯 340g, 크게 자른다.
- 소금 ½작은술
- 2.5cm 두께로 자른 미쉬 또는 이탈리안 러스틱 브레드 6조각

1. 작은 볼에 버터와 타임을 포크로 하나가 되도록 섞는다.
2. 타임버터의 반을 슬라이스한 빵의 양면에 바른다. 중간 크기 팬을 중불에 올려 빵을 팬 토스트한다.
3. 같은 팬을 중불에 올리고 버섯을 몇 더미로 나눠 갈색이 될 때까지 남은 허브버터에 각 더미마다 3~4분 정도 볶는다. 팬에 너무 많은 양을 한꺼번에 볶지 않는다.
4. 중간 크기 볼에 버섯을 담고 소금으로 간을 한다.
5. 토스트에 버섯을 쌓아올려 먹는다.

뿌리 채소 토핑 일반적인 개념은 이렇다. 한 종류 또는 여러 종류의 뿌리 채소를 천천히 굽는다. 버터호두 호박, 델리카타 호박, 카보차 단호박과 순무는 모두 구우면 더 맛있다. 당근과 파스닙도 마찬가지다. 올리브오일, 마늘, 몇 가지 허브와 함께 굽는다. 뿌리 채소들이 맛있어지고 부드러워지면 걸죽한 퓨레 상태가 될 때까지 오일과 함께 으깨준다. 토스트 위에 바르고 간단한 토핑을 조금 올린다.

CARROT +
RICOTTA SALATA
KABOCHA +
CARAMELIZED ONIONS
TURNIP +
CELERY
PARSNIP +
MARCONA ALMONDS

오이 차지키와 구운 할라피뇨

Cucumber Tzatziki and Roasted Jalapeños

고추를 구우면 매운 맛에 달콤함이 더해진다. 치지키는 매운맛을 순하게 해주는 역할을 하고 야채의 딥으로도 훌륭하다. 할라피뇨를 다지고 딥에 넣어서 치킨이나 새우 샐러드의 베이스로 사용하거나 피타칩과 함께 먹는다.

재료 · 만들기(토스트 8장)

- 연두부 110g
- 신선한 레몬즙 1큰술
- 마늘 반쪽
- 어니언 파우더 ½작은술
- 방금 간 통후추 ½작은술
- 플레인 그릭 요거트 120ml
- 저민 딜 3큰술
- 오이 1개, 씨를 바르고 껍질을 벗긴 후 대각선으로 이등분해 채 썬다.
- 할라피뇨 6개
- 소금 ½작은술
- 1.2cm 두께로 자른 품퍼니클(호밀흑빵) 8조각, 오일을 발라 오븐 토스트한다.(18쪽 참조)

1. 굽는 용도로 오븐을 예열하고 오븐의 가장 윗칸을 준비해서 오븐팬에 기름종이를 깐다.
2. 차지키를 만든다 : 유화 기능이 있는 블렌더나 푸드 프로세서를 이용해서 두부, 레몬즙, 마늘, 어니언 파우더, 고추를 퓨레 상태로 간다. 요거트, 오이, 딜과 퓨레를 자르듯이 섞는다.
3. 할라피뇨의 줄기를 제거하고 세로로 4등분하여 씨를 제거한다. 껍질이 위로 가게하여 오븐팬에 놓고 소금을 뿌려 껍질에 거뭇거뭇하게 반점이 생길 때까지 7~10분 동안 오븐의 맨 윗칸에서 굽는다.
4. 토스트에 차지키 더미를 올리고 검정 물집이 생긴 할라피뇨 슬라이스를 3개씩 올린다.

단호박과 오렌지버터

Delicata Squash and Orange Butter

이 토스트는 파티용 토스트이다. 오렌지버터를 발라 팬 토스트로 구운 빵은 와인에 담근 건포도를 끝없이 먹게 만든다. 이 토스트를 미리 만들거나 또는 손님들이 직접 만들어 먹을 수 있도록 식탁에 차린다.

재료 · 만들기(토스트 8장)

- 단호박 2개
- 올리브오일 4큰술
- 소금 ¼작은술
- 꿀 1큰술
- 골든 레이즌 ⅓컵
- 화이트와인 4큰술
- 샬롯 1개(약 3큰술), 곱게 다진다.
- 신선한 오렌지즙 1컵
- 무염 버터 5큰술
- 신선한 레몬즙 2큰술
- 1.2cm 두께로 자른 호밀빵 8조각

1. 오븐을 180℃로 예열하고, 오븐틀에 기름종이를 깐다.
2. 호박을 세로로 길게 반으로 자른다. 호박의 씨를 제거하고 1.2cm 두께로 반달 모양으로 썬다(껍질은 남아 있게 한다).
3. 호박을 오븐틀에 올리고, 오일 2큰술, 소금을 뿌리고 줄도 위에 뿌려준다. 호박이 부드러워질 때까지 약 25분간 굽는다.
4. 호박이 오븐에서 구워지는 동안, 작은 볼에 건포도와 와인을 부어 건포도가 와인에 잠기도록 한다.
5. 작은 소스팬을 중불에 올리고 샬롯을 남은 오일 2큰술에 샬롯이 부드러워질 때까지 약 4분간 볶는다. 샬롯과 건포도를 호박과 함께 중간 크기의 볼에 담는다.
6. 같은 소스팬을 중불에 올려, 오렌지주스가 ¼컵으로 졸아들 때까지 7~10분간 보글보글 끓인다. 버터와 레몬즙을 넣고 저어준다. 오렌지버터가 완성되면 식힌다.
7. 오렌지버터의 반을 빵 양면에 발라 중간 크기 스킬렛에서 2분 동안 팬 토스트한다. 빵을 뒤집어 다른 면도 노릇노릇한 갈색이 될 때까지 2분 더 팬 토스트한다.
8. 토스트에 호박을 올린다. 남은 오렌지버터를 곁들여 먹는다.

당근버터와 할루미

Carrot Butter and Halloumi

훈제한 파프리카는 이 토스트에 미묘하게 따뜻한 흙냄새가 나게 한다. 만약 밝고 산뜻한 맛을 원한다면 파프리카를 생략하고 레몬즙을 짜 넣는다. 여분의 버터는 당근케이크(파프리카 없이), 콘브레드, 고구마, 구운 감자나 구운 치플리니에 사용한다. 돼지고기나 치킨에 문지르거나 브뤼셀 스프라우트(싹양배추)나 데친 그린빈 위에 녹인다. 그리고 할루미… 알겠지만, 이건 구울 수 있는 치즈이다. 만약 남는 할루미를 숨겨두면, 구워서 무화과잼을 발라 아침식사로 먹을 수 있다.

재료 · 만들기(토스트 4장)

- 당근 2~3개, 껍질을 벗겨 거칠게 다진다.
- 샬롯 2개, 굵은 입자로 다진다.
- 올리브오일 5큰술
- 무염 버터 5큰술
- 염소치즈 2큰술
- 훈제 파프리카 ¼작은술과 고명으로 올릴 약간
- 소금 ½작은술
- 방금 간 통후추 1작은술
- 신선한 레몬즙
- 할루미 치즈 110g
- 2.4cm 두께로 자른 홀그레인, 씨앗이 들어 있는 빵 또는 흑호밀빵 4조각, 플레인 올드 토스트 테크닉을 이용하여 토스트한다.(18쪽 참조)

1. 오븐을 180℃로 예열하고 오븐틀에 기름종이를 깐다.
2. 준비한 오븐틀에, 당근과 샬롯을 올리고 오일을 3큰술 두른다. 부드러워질 때까지 30~35분간 굽고 식힌다.
3. 푸드 프로세서로 당근, 샬롯, 버터, 염소치즈, 파프리카, 소금, 후추를 넣고 부드러워질 때까지 간다. 만약 레몬이 있다면 여기에 레몬즙을 넣으면 좋다.
4. 할루미를 1.2cm 두께로 4조각 자른다. 남은 오일 2큰술을 할루미 조각 양면에 바른다. 작은 팬이나 그릴팬을 중강불에 올리고 할루미를 바삭한 갈색의 껍질이 생길 때까지 각 면당 1~2분간 굽는다.
5. 각각의 토스트에 당근버터 1큰술을 바르고 할루미 조각을 하나 올린다. 장식을 위해 위에 약간의 파프리카를 뿌린다.

치포틀 가지

Chipotle Eggplant

만약 밖에 나가고 싶지 않은 날이라면, 회색 하늘에 축축하고 추운 날이라면… 만약 오늘이 집에서 영화를 몰아보는 날이거나 〈듄〉이나 로알드 달의 소설을 다시 읽을 만한 날이라면… 이 중 어떤 날이든지, 2년 전 추수감사제 때 고구마와 같이 으깨서 먹은 이래로 계속 선반에 있던 치포틀 인 아도보 통조림(소스에 재운 훈제 고추를 양념에 절인 멕시코 통조림 – 옮긴이)을 사용하기 딱 좋은 날이다. 치포틀과 가지를 토스트에 올려 따뜻할 때 먹어도, 식혀서 차게 먹어도 좋다. 어차피 이 레시피는 책을 읽거나, 영화를 보거나 또는 커튼에 홀치기 염색을 하는 동안 빈둥거릴 시간이 많을 때 유용하다.

재료 · 만들기(토스트 6장)

- 올리브오일 3큰술
- 양파 1개, 다진다.
- 중간 크기 가지 1개, 깍둑썰기한다.
- 화이트와인(선택사항) 4큰술
- 치포틀 통조림 2큰술과 통조림 소스
- 시나몬 가루 ¼작은술
- 소금 ¼작은술
- 1.2cm 두께로 자른 흰빵 또는 풀맨 로프 6조각, 마요네즈를 발라 팬 토스트한다.(17쪽 참조)
- 훈제소금

1. 중간 크기 팬을 중약불에 올리고 오일을 두른다. 양파와 가지를 더해 부드러워질 때까지 약 35분간 볶는다. 만약 와인을 사용한다면, 불을 끄고 잔열로 와인이 날아가도록 10분간 놔둔다(아니면, 그냥 총 45분간 조리한다). 요리하는 동안 중간중간 젓는다.
2. 치포틀 페퍼와 치포틀 통조림의 소스 약간, 시나몬, 그리고 소금을 더한다.
3. 불을 약하게 하여 치포틀 페퍼가 뭉개지고 채소들이 걸죽해질 때까지 20분 정도 더 볶는다.
4. 토스트 위에 치포틀 가지를 얹고 훈제 소금을 뿌린다.

컬리플라워 치즈

Cauliflower Melts

건포도는 저장 기간이 매우 길고 에너지를 충전하는 데 좋은 식품이다. 어느 추운 날, 집에서 멀리 떨어져 있는 산책로를 걷고 있는데 갑자기 극심한 배고픔이 밀려왔다. 나는 그때 스키재킷을 입고 있었다. 겨울에 해변을 걷기에 이상적인 재킷이고 또한 고글, 헤드폰, 열쇠, 돈, 신용카드, 립밤, 선블록, 그리고 스타더스트까지 들어가는 많은 주머니가 달린, 이상적인 재킷이다. 그리고 주머니의 어딘가에 항상 건포도 몇 알이 굴러다닌다. 이 레시피에서도 마찬가지이다. 숨어 있다가 달콤하게 놀래킨다.

재료 · 만들기(토스트 8장)

- 올리브오일 4큰술
- 마늘 2쪽, 저민다.
- 소금 1작은술
- 방금 간 통후추 ½작은술
- 중간 크기 컬리플라워, 1.2cm 두께로 자른다. 가능한 계속해서 반으로 분할하여 8조각으로 만든다.
- 골든 레이즌 ½컵
- 화이트와인 4큰술
- 껍질을 벗긴 피스타치오 ¼컵
- 1.2cm 두께로 자른 사워도우 브레드 8조각
- 콤테 또는 만체고 치즈 110g, 8조각으로 자른다.
- 다진 파슬리 2큰술

1. 오븐을 180℃로 예열하고 오븐틀에 기름종이를 깐다.
2. 중간 크기 볼에 오일, 마늘, 소금, 후추를 섞는다. 컬리플라워 조각을 더하여 양념이 표면을 고루 코팅하도록 버무린다.
3. 컬리플라워를 미리 준비한 오븐틀에 깐다. 25분간 굽고 뒤집어 부드럽고 잘 구워질 때까지 10~20분간 더 굽는다. 컬리플라워를 틀째 꺼내 한쪽에서 식히고 오븐은 그대로 켜둔다.
4. 그 동안, 작은 볼에 물이나 와인을 붓고 건포도를 10분 동안 담갔다가 건져낸다.
5. 작은 팬을 중강불에 올리고 피스타치오를 굽는다. 오일을 약간 넣고 구워도 좋다. 페이퍼타월에 올려 식힌 다음 굵게 다진다.
6. 오븐틀에 빵을 올리고 그 위에 컬리플라워를 올린다. 필요하다면 모양에 맞춰 자른다. 피스타치오, 건포도와 치즈를 위에 뿌린다.
7. 치즈가 녹을 때까지 7~10분간 굽는다.
8. 접시에 담아 파슬리를 뿌리고 바로 먹는다.

월넛 포테이토

Walnut Potatoasts

오늘은 십자말풀이를 하고 포테이토를 만든다. 크로스워드는 〈뉴욕타임즈〉 크로스워드. 감자는 유콘 골드 포테이토. 이것들은 처음엔 어렵지만 하다 보면 점점 속도가 붙는다. 그리고 감자를 토스트에 올려서 먹으면 먹을수록 더 먹고 싶게 될 것이다. 이 퍼즐은 중독성이 있다. 만약 퍼즐을 완성하지 못할지라도 노력만은 칭찬해주고 싶다. 그렇지만 걱정할 것 없다. 이 포테이토들은 월요일의 퍼즐만큼 쉽다.

재료 · 만들기(토스트 6장)

- 호두 80g
- 올리브오일 5큰술
- 베이비 유콘 골드 포테이토 10개, 슬라이스한다.
- 소금 ¾작은술
- 방금 간 통후추 1작은술
- 2cm 두께로 자른 펌퍼니켈 브레드 6조각
- 크렘 프레쉬 ⅔컵
- 가니쉬용 파슬리

1. 중간 크기 팬을 중불에 올리고 오일을 뿌려 월넛이 갈색이 될 때까지 2~4분간 굽는다. 월넛을 구멍 뚫린 스푼으로 건져내 페이퍼타월에서 식힌다. 팬의 오일은 남겨둔다. 월넛이 식으면 다진다.
2. 오븐을 190℃로 예열하고 오븐틀에 기름종이를 깐다.
3. 남겨둔 월넛오일 2큰술에 감자를 넣고 소금 ½작은술, 후추 ¾작은술을 뿌린다. 감자를 오븐틀에 깔고 황금빛을 띨 때까지 25~30분 굽는다.
4. 빵을 남은 월넛오일 3큰술에 바삭해질 때까지 한 면당 약 2분간 팬 토스트한다. 필요하다면 빵이 타지 않도록 오일을 좀 더 추가한다.
5. 월넛을 크렘 프레쉬에 섞는다. 남은 소금 ¼작은술과 후추 ¼작은술로 간한다.
6. 각 토스트에 6~8개의 감자조각과 1 ½큰술의 크렘 프레쉬를 올린다. 고명으로 파슬리를 얹는다.

이 토스트를
지금 먹을까 나중에 먹을까?
토스트 위에 케이퍼나 보타가를
추가하면 어떨까.

브라운 슈가 치포틀 스위트 포테이토와 당근

Brown Sugar Chipotle Sweet Potato and Carrot

당신의 선반에 남아 있는 치포틀 인 아도보의 또 다른 활용법으로 염소치즈와 함께 으깨서 먹으면 계속 다시 먹고 싶어진다. 이 스프레드를 나중에 블랙빈과 레드퀴노아와 함께 데친 케일에 싸서 약간의 고수를 곁들여 먹는다. 또는 따뜻한 옥수수 또르띠아와 먹으면 이전과는 완전히 다른 맛이 난다.

재료 · 만들기(토스트 8장)

- 당근 2~3개, 0.6cm 두께의 동전 모양으로 자른다. (약 2컵)
- 고구마 1개, 껍질을 벗기고 1.2cm 두께로 둥글게 썬 뒤, 4등분한다.
- 큐민 가루 1작은술
- 소금 ¼작은술
- 올리브오일 3큰술
- 염소치즈 170g, 부드럽게 만든다
- 통조림용 다진 치포틀 칠리 2큰술과 통조림 안의 소스
- 1.2cm 두께로 자른 건포도빵 8조각

1. 오븐을 180℃로 예열하고 오븐팬에 기름종이를 깐다.
2. 커다란 볼에 당근, 고구마, 설탕, 마늘, 큐민, 소금과 오일을 넣고 버무린다.
3. 준비한 오븐팬에 채소를 고르게 깔고 부드러워질 때까지 40~45분간 굽는다. 20분이 지났을 때쯤 살짝 뒤적여서 타지 않게 한다.
4. 그동안 작은 볼에, 염소치즈와 치포틀 페퍼를 포크로 으깨면서 잘 섞는다.
5. 각각의 빵 조각에 치즈를 3큰술씩 발라주고 오븐틀에 놓는다. 채소가 30분쯤 구워졌을 때 빵도 오븐에 넣어 남은 10분 동안 함께 구워준다.
6. 토스트 위에 당근과 고구마를 올린다.

땅콩호박, 로비올라와 사과

Butternut Squash, Robiola, and Apples

이 레시피를 위해 당신은 땅콩호박 한 통을 사게 되므로, 남는 땅콩호박으로 만들 수 있는 여러 가지 선택지를 갖게 된다. 호박을 굽고 난 뒤, 흑미나 케첩 디핑(버터넛 오븐 프라이를 생각하라)과 먹을 몇 덩이를 남겨둘 수 있다. 또는 호박 전체를 퓨레로 만들어서 일부를 남겨두었다가 단순하게 간을 해서 익힌 따뜻한 가리비를 얹어 먹을 수도 있다. 퓨레를 크림이나 우유와 섞어 숏파스타에 버무려서 시금치와 볶은 마늘을 곁들여 먹어도 좋다. 또는 이 토스트를 산더미처럼 만들어 많은 사람들을 행복하게 해줄 수 있다. 염소치즈와 파마산치즈를 곁들이면 좋다.

재료 · 만들기(토스트 6장)

- 땅콩호박 1개
- 올리브오일
- 세이지 잎 16장
- 마늘 4쪽
- 소금 ½작은술
- 방금 간 통후추 ½작은술
- 5cm 두께로 자른 사워도우 브레드 6조각
- 핑크레이디 사과 1개, 심을 제거하고 얇게 썬다.
- 로비올라 또는 부드러운 치즈 110g

1. 오븐을 200℃로 예열하고 오븐틀에 기름종이를 깐다.
2. 땅콩호박의 껍질을 벗기고, 씨를 발라낸 뒤 약 5cm 크기로 깍둑썰기한다.
3. 중간 크기 볼에 호박과 오일 4큰술, 다진 세이지 잎 3~4장, 마늘, 소금, 후추를 넣고 버무린다.
4. 양념한 호박을 오븐틀에 깔고 부드러워질 때까지 20~30분간 굽는다. 오븐틀 위에서 식힌다.
5. 호박이 구워지는 동안, 중간 크기 팬에 오일을 2cm 높이로 붓고 중불에서 세이지 프라이를 만든다. 남은 세이지 잎을 넣고 바삭해질 때까지 약 60초간 튀긴다. 건져서 페이퍼타월에 올려놓는다.
6. 세이지를 튀겨낸 오일에, 빵을 팬 토스트한다. 표면이 노릇노릇한 빛을 띨 때까지 한 면당 약 2분씩 강불에서 굽는다.

7. 구운 호박을 블렌더로 갈아 퓨레를 만든다. 한 번에 1큰술씩 총 4큰술의 세이지오일(세이지오일을 다 썼다면 일반 올리브오일을 사용한다)을 중간중간 넣어가며 되직한 퓨레로 만든다.
8. 각각의 토스트에 퓨레 2큰술을 바르고 사과 조각 3~4개를 위에 올린다. 로비올라치즈와 튀긴 세이지 잎을 고명으로 올린다.

구운 가지와 건포도 처트니

Roasted Eggplant and Raisin Chutney

클래식한 카포나타를 거의 해체하듯 만든 이 가지요리보다 토스트에 얹기 좋은 음식은 없다. 로미오가 줄리엣을 사랑한 것처럼 가지도 따뜻한 빵을 꼭 끌어안았다. 극과 극은 끌어당긴다는 말이 있지 않은가. 달콤, 짭짤, 부드럽고, 새콤하고… 맛을 보면 금세 사랑에 빠진다. 여러 가지 이름으로 불려도 카포나타는 달콤한 맛이 나는 토스트!

재료 · 만들기(토스트 10장)

- 건포도 60g
- 화이트와인 4큰술
- 중간 크기 가지 1개
- 올리브오일 5큰술
- 소금 ¼작은술
- 방금 간 통후추 ⅛작은술
- 샬롯 1개, 잘게 다진다.
- 토마토 페이스트 1큰술
- 레드와인 식초 1큰술
- 레몬제스트 2작은술
- 구운 잣 60g
- 0.6cm 두께로 자른 밀 바게트 10조각, 끝이 뾰족하도록 날카로운 각도로 자르고 오일에 오븐 토스트한다.(18쪽 참조)

1. 오븐을 180℃로 예열하고 오븐틀에 기름종이를 깐다.
2. 작은 볼에 건포도를 넣고 건포도가 잠기도록 와인을 붓는다.
3. 가지를 0.6cm 두께로 둥글게 10조각을 썰고 반달 모양이 되도록 반으로 자른다. 커다란 볼에 오일 3큰술, 소금, 후추, 가지를 넣고 버무린다.
4. 가지를 준비한 오븐틀에 깔고 부드러워질 때까지 25~30분간 굽는다.
5. 가지를 굽는 동안, 처트니를 만든다. 작은 팬을 중불에 올리고 남은 오일 2큰술을 둘러 당근이 부드러워질 때까지 15분간 볶는다. 토마토 페이스트를 넣는다. 저어주며 익히다 건포도, 와인, 식초를 더한다. 알코올이 날아가도록 2~4분 동안 불 위에 올려둔다. 불에서 내리고 레몬제스트를 더한다.
6. 잣을 처트니에 섞는다.
7. 각 토스트에 반달 모양으로 썬 가지 2개와 처트니 1큰술을 얹는다.

레몬즙을 뿌린 주꼴라를
곁들여 차린다.

핫 브뤼셀 스프라우트

Hot Brussels Sprouts

하루의 끝, 단단한 빵 위에 이 브뤼셀 스프라우트 토핑을 한 스쿱 떠서 올리고 통째로 오븐이나 오븐토스터에 구워 디너 토스트를 만들어보자. 이 토스트와 화이트와인 한 잔을 들고 가까운 친구와 함께 깔깔거리며 예능 프로그램을 보는 건 어떨까?

재료 · 만들기(토스트 6장)

- 올리브오일 2큰술
- 샬롯 3개, 다진다.
- 마늘 3쪽, 다진다.
- 다듬어서 굵게 다진 브뤼셀 스프라우트 3컵
- 크림치즈 3큰술
- 마요네즈 ⅓컵
- 달걀 흰자 1개
- 파마산 가루 1컵
- 다진 세이지 잎 3장
- 카이엔페퍼 ½작은술
- 소금 ½작은술
- 방금 간 통후추 ½작은술
- 1.2cm 두께로 자른 흰 풀맨 로프나 퀴노아 밀레 브레드 6조각

1. 오븐을 180℃로 예열하고 오븐틀에 기름종이를 깐다.
2. 중간 크기 스킬렛을 중불에 올리고 오일을 두른다. 오일이 달궈지면 샬롯과 마늘을 넣어 부드러워질 때까지 약 5분간 볶는다. 여기에 브뤼셀 스프라우트를 더하여 부드러워질 때까지 4~5분간 더 볶아 식힌다.
3. 커다란 볼에 볶은 브뤼셀 스프라우트, 크림치즈, 마요네즈, 달걀 흰자, 파마산치즈 ⅓컵, 세이지, 카이엔페퍼, 소금, 후추를 담아 섞는다.
4. 양념한 브뤼셀 스프라우트를 빵에 올리고 남은 ⅔컵의 파마산을 빵 위에 뿌린 뒤 준비한 오븐틀에 놓는다.
5. 15~20분간, 또는 치즈의 표면에 금갈색 껍질이 생길 때까지 굽는다. 뜨거울 때 먹는다.

스파이시 레드 렌틸

Spicy Red Lentil

인도에서 보낸 시간은 렌틸을 사랑하게 만들었다. 강황과 큐민은 말할 것도 없다. 인도의 모든 것은 엄청나게 양념이 되어 있지만, 모두 맵지는 않다. 이 토스트는 스리라차로 개성을 더했지만 취향에 따라 좋아하는 매운 정도를 선택할 수 있다. 이 스프레드는 스푼으로 퍼먹게 될 것이다.

재료 · 만들기(토스트 6장)

- 레드 렌틸 120g
- 양파 1개, 깍둑썰기한다.
- 큐민 가루 1작은술
- 강황 가루 2작은술
- 갈릭 파우더 ½작은술
- 올리브오일 2큰술
- 입자가 굵은 옥수수가루 3큰술
- 토마토소스 60g
- 스리라차(입맛에 따라 조절) 1~2큰술
- 레드칠리페퍼 플레이크 1작은술
- 소금 ½작은술
- 방금 간 통후추 ½작은술
- 신선한 레몬즙 4작은술
- 레몬제스트 1작은술
- 플레인 그릭요거트 60ml
- 0.6cm 두께로 자른 호두통밀빵 6조각, 오일에 팬 토스트한다.(16쪽 참조)
- 다진 고수 또는 민트 2큰술

1. 작은 소스팬을 중불에 올리고, 물 1컵과 렌틸을 넣고 물이 렌틸에 흡수되고 부드러워질 때까지 약 20분간 뚜껑을 덮고 익힌다.
2. 중간 크기 소스팬을 중불에 올려 양파, 큐민, 튜메릭, 갈릭 파우더를 오일에 부드러워질 때까지 약 5분간 볶는다. 렌틸과 옥수수가루를 더하여 걸죽해질 때까지 약 2분간 저으면서 익힌다. 토마토소스, 스리라차, 칠리 플레이크를 넣고 3~4분 또는 걸죽해질 때까지 끓인다. 소금, 후추, 레몬즙 2작은술을 섞는다.
3. 작은 볼에 남은 레몬즙 2작은술과 레몬제스트, 요거트를 섞는다.
4. 빵 위에 걸죽해진 레드 렌틸, 레몬요거트를 얹고 다진 허브를 올린다.

스파이스 애플 처트니

Spiced Apple Chutney

애플 처트니를 만들 때, 사과가 익는 시간과 액체가 증발하는 시간의 비율이 스토브의 불의 세기 뿐 아니라 계절, 날씨, 습도에도 영향을 받게 되므로 주의해야 한다. 만약 사과가 부드러워질 시간이 더 필요하다면 조금씩 물을 더 추가한다. 이것을 한번 해보면 요령이 생긴다.

재료 · 만들기(토스트 4장)

- 핑크레이디, 허니크리스프, 사과 2개, 씨를 제거하고 2cm 두께로 깍둑썰기한다.
- 굵은 입자의 황설탕 2큰술
- 화이트와인 4큰술
- 건포도 60g
- 시나몬스틱 1개
- 클로브 2개
- 방금 간 통후추 ½작은술
- 신선한 생강 1개, 껍집을 벗긴다.
- 오렌지 껍질 1개
- 신선한 레몬즙 2작은술
- 1.2cm 두께로 자른 세몰리나, 건포도빵 4조각
- 모세의 슬리퍼* 또는 하바니, 고다 또는 뮌스터 치즈 110g

1. 오븐을 180℃로 예열한다.
2. 중간 크기 냄비에 사과, 설탕, 와인, 건포도, 시나몬스틱, 클로브, 후추, 생강, 오렌지 껍질, 레몬즙을 넣고, 중강불에 올린다. 끓기 시작하면 불을 줄여 처트니가 보글보글 끓게 하여 사과가 부드러워 질 때까지 30~40분간 끓인다. 20분 후 사과가 아직 익지 않았는데 액체가 모두 증발했다면 물을 조금 추가한다.
3. 오븐팬에 빵을 오일 없이 황금빛을 띨 때까지 약 10분간 오븐 토스트한다.
4. 토스트가 오븐에서 나오자마자 치즈 조각을 각각의 토스트에 올려 치즈가 살짝 녹게 한다.
5. 각각의 빵에 애플 처트니 2큰술씩 올린다.

* 모세의 슬리퍼는 벨몬트주의 재스퍼 힐 팜에서 만드는 치즈이다. 버터맛이 나고 토스트하기에는 약간 죄책감이 든다. 까망베르와 같은 신선하고 흙내음이 나는 맛.

6 특별한 빵

Extra Bread

4 남은 재료 활용하는 법

REDIENTS STILL LINGER BUT THE BREAD IS STALE : IT'S PANZANELLA TIME

재료들은 남고, 빵은 신선하지 않다면: 빵샐러드 판자넬라를 만들 타임이다!!

토스트를 만들고 남은 빵으로 꽤 먹음직한 다른 형태의 토스트를 만들 수 있다.
샐러드와 빵이 토스트에서 토대 역할을 한다면 판자넬라에서는 요리 재료에 완전히 포함된다.
몇몇 사람들은 뜯어서 토스트하기(tear-and-toast) 테크닉을 따른다면 다른 사람들은 깍둑썰기해서 굽는다. 어떤 방식으로 굽든 빵 조각을 한입 크기로 자르면 된다. 이 책에 나오는 레시피를 영감을 불러일으키기 위한 가이드로 사용해보시라.

1. 오븐을 180℃로 예열하고 오븐팬에 기름종이를 깐다.
2. 당신이 선택한 빵(아무렇게나 놓아둔 오래된 빵을 사용한다)을 적당한 크기로 자르거나 뜯는다.
3. 빵에 올리브오일, 소금, 후추를 버무린다. 말린 허브와 만약 좋아한다면 수맥, 파프리카, 어니언 파우더, 토가라시, 카이엔페퍼와 같은 양념을 넣는다. 양념한 빵조각을 오븐팬에 고르게 펼치고 바삭해질 때까지 10~12분간 굽는다.
4. 빵이 구워지는 동안, 커다란 볼에 판자넬라의 다른 재료들을 넣고(아래의 몇 가지 제안들을 참조) 레서피에 포함되어 있는 '드레싱'재료 아무것이나, 또는 집에 있는 재료를 넣어 섞는다.
5. 빵을 넣고 한데 섞는다.

몇 가지 예:

- **로즈마리와 구운 포도…** 약간의 루꼴라와 한 입 크기 빵을 넣고 꿀과 발사믹으로 버무린 다음 염소치즈와 블루치즈 섞은 것을 군데군데 뿌려준다.
- **살짝 구운 참치, 타소, 수박무, 여분의 바삭바삭한 빵…** 검정깨, 대파(봄양파), 청주 식초, 올리브오일, 약간의 참기름과 간장을 뿌린다.
- **주키니, 셀러리, 보타르가 조각, 파마산 가루, 깍둑썰기한 빵…** 레몬과 올리브오일로 버무린다.
- **양념한 구운 래디시, 래디시 그린, 구운 잣, 민트, 찢은 빵…** 민트 페타 요거트를 넣고 버무린다.
- **황설탕 당근과 고구마…** 다진 로메인과 살짝 구운 깍둑썬 빵을 넣고, 올리브오일과 레몬 약간에 버무린다. 매콤한 치즈를 덩어리로 떨어뜨린다.

메이블-배 브레드푸딩

Maple – Pear Bread Pudding

만약 브리오슈, 할라빵 또는 식빵이 남아 있다면, 브레드푸딩을 만드는 것이 좋다. 브레드푸딩은 토스트의 어중간한 친척이다. 이 브레드푸딩은 굽기 전에 단단해질 시간이 적어도 1시간에서 24시간까지 필요하므로 미리 만들어놓는 브런치 식사로 좋다. 만들기를 시작하고 굳기를 기다리는 동안 음료수를 사러 나가면 된다.

재료 · 만들기(토스트 8~12장)

- 2.5cm 두께로 자른 할라빵 8조각
- 아주 잘 익은 배 2개, 심을 제거하고 껍질을 벗겨 1.2cm 두께로 자른다(껍질과 심지는 남겨둔다).
- 굵은 입자의 황설탕 230g+5큰술
- 우유 750ml
- 메이플시럽 3큰술
- 달걀 4개
- 시나몬가루 ½작은술과 마지막에 위에 뿌릴 용도 약간
- 간 생강 ¼작은술
- 바닐라 익스트렉 ½작은술
- 소금 ¼작은술
- 무염 버터 2큰술과 팬에 바를 약간의 버터
- 헤이즐넛 60g, 굽고 껍질을 벗긴다.
- 팔각(선택사항) 1개

1. 24cm 로프팬에 버터를 바른다. 빵을 재구성하듯이 할라빵과 배로 팬을 가득 채우는데 빵을 수직으로 세워 층을 만들고, 그 사이에 배가 켜켜이 들어가게 한다.
2. 중간 크기 소스팬에 남겨둔 배 심과 껍질, 설탕 3큰술을 넣고 내용물이 잠길 정도의 충분한 양의 물을 넣는다. 뚜껑을 덮고 약불에서 25분간 보글보글 끓인다. 끓인 시럽을 체로 걸러 볼에 담아둔다.
3. 중간 크기 소스팬을 중불에 올리고, 우유, 설탕 160g, 메이플시럽을 넣고 끓이다가 끓기 직전에 불을 약하게 줄이고 설탕이 완전히 녹을 때까지 2~3분간 저으면서 끓여준다. 살짝 식힌다.
4. 식히는 동안, 달걀에 시나몬, 생강, 바닐라, 소금을 넣고 젓는다. 달걀을 우유에 넣고 계속해서 저으면서 천천히 섞어준다. 달걀이 익지 않도록 주의한다. 달걀과 우유가 완전히 섞일 때까지 저어주고 넘치지 않게 조심한다.

* 견과류의 껍질을 벗기고 굽기 위해 테두리가 있는 오븐팬에 올려서 180℃에서 약 10분 또는 갈색이 될 때까지 굽는다. 행주 위에 구운 견과류를 모으고 페이퍼타월을 덮어 비비거나 굴려 껍질을 제거한다.

FOR THOSE SOFT BREAD SCRAPS →

5. 우유와 달걀 섞은 물을 빵과 배 위에 빵이 뒤덮이도록 붓는다. 넘치지 않도록 하고(액체가 빵에 전부 스며들게 한다) 남는 것은 버린다. 덮개를 덮어 최소한 1시간에서 24시간은 넘기지 않도록 냉장고에 넣어둔다.
6. 구울 준비가 되면 오븐을 190℃로 예열한다.
7. 작은 소스팬을 중불에 올리고 버터, 남은 설탕 2큰술, 헤이즐넛을 익힌다. 헤이즐넛이 갈색이 되고 설탕-버터가 헤이즐넛에 끈적하게 달라붙을 때까지 30~40분간 볶는다. 헤이즐넛은 기름종이에 깔고 한쪽에 치워놓고 식힌 뒤 식으면 다진다(브레드푸딩이 준비되는 동안 아무 때나 할 수 있고, 헤이즐넛은 실온에 둔다).
8. 팔각을 브레드푸딩 가운데에 넣는다. 빵이 부풀어오르고 액체가 모두 흡수될 때까지 55~65분간 굽는다. 위가 바삭하지 않다면 오븐 온도를 강하게 올려 5분 동안 익힌다.
9. 식탁에 차리기 전 약 5분 동안 브레드푸딩을 식힌다. 스쿱으로 뜨거나 잘라서 접시 위에 놓고 따뜻한 배 시럽을 뿌린다. 헤이즐넛 버터캔디를 올리고 시나몬 가루를 뿌린다.

딱딱하게 굳은 빵 해치우기 :

허니 시트러스 선데이 토스트

Honey-Citrus Sundae Toast

어느 여름 날, 나는 러시아 페테르부르크를 둘러싸고 있는 수정처럼 깨끗하고 푸른 물 위에 떠 있는 화려한 연회장에서 열린, 친구의 친구의 친구의 생일파티에 있었는데 그 파티는 3일 동안 불이 꺼지지 않는 파티였다. 그 24시간 동안, 나는 사샤를 알게 되었다. 며칠 후, 사샤의 여동생 집 근처의 동네 사우나에서 격렬하게 나뭇가지로 때리기를 한 후 사샤의 여동생의 아파트로 갔다.

사샤는 냉동실에서 벽돌처럼 생긴 바닐라 아이스크림을 꺼내어 한입 먹고 우리를 위해 삼등분으로 잘라 버터 같은 스틱 세 덩어리를 만들었다. 나는 왜 아이스크림이 일반적인 통에 들어 있지 않고 얇게 감싸인 상자 같은 데 들어 있는지를 물어봤다. 그녀는 소련시대의 담백함 같은 몇 마디 말을 우물거렸고, 그 시기에는 바닐라라기보단 '플레인' 아이스크림만이 유일한 선택지였다고 덧붙였다. 그런 다음, 그녀는 아이스크림에 꿀로 리본을 두르고, 신선한 레몬즙을 뿌리고 마지막으로 스프링클스를 흉내낸 듯한 제스트를 올려 화려하게 꾸몄다. 이 아이스크림에 대한 나의 기쁨은 그들을 기쁘게했고, 그들은 아이스크림을 이런 방법으로 먹으면서 자라왔다고 이야기했다.

나는 그들의 지식에 찬사와 존경을 보냈다. 이 조합을 버터브레드 조각 위에 얹어 먹다 보면 다른 심플한 사치는 전혀 생각나지 않는다.

재료 · 만들기(선데이 4개)

- 바닐라아이스크림 2컵
- 치아바타 또는 바게트 빵 4조각, 팬 토스트한다.
  (17쪽 참조)
- 꿀 4큰술
- 신선한 레몬즙 2작은술
- 레몬제스트 2작은술

1. 빵 조각 위에 아이스크림을 한 스쿱 떠서 올린다.
2. 꿀과 레몬즙을 뿌린다. 레몬제스트도 그 위에 뿌려준다.

레몬 라벤더 스위트 토스트

Lemon – Lavender Sweet Toast

만약 식사용 토스트로 충분하지 않고 디저트 빵을 원한다면 구워보자.

재료 · 만들기(토스트 10장)

- 실온 상태의 무염 버터 10큰술
- 올리브오일 4큰술
- 굵은 입자의 황설탕 250g
- 황설탕 60g
- 우유 80ml
- 라벤더 2 $\frac{1}{2}$작은술
- 달걀 3개
- 퓨어바닐라 익스트렉 1 $\frac{1}{2}$작은술
- 다목적용 밀가루 310g
- 베이킹파우더 $\frac{1}{2}$작은술
- 소금 $\frac{1}{2}$작은술
- 간 생강 $\frac{1}{4}$작은술
- 레몬제스트 2큰술
- 신선한 레몬즙 4큰술
- 마스카포네 80g

1. 오븐을 180℃로 예열하고 24cm 로프팬에 오일이나 버터를 바른다.
2. 버터, 오일, 황설탕을 스탠딩믹서에 넣고 가볍고 부드러워질 때까지 7분을 꽉 채워 섞는다.
3. 그동안 작은 소스팬을 아주 약한 불 위에 올리고, 우유에 라벤더를 넣어 5~10분 동안 우유의 증기에 데지 않도록 주의하며 보글보글 끓인다. 체에 치즈용 면포를 깔고 볼 위에 얹는다. 우유를 체에 거르고 냉장고에 넣어 식힌다. 라벤더는 버린다.
4. 달걀과 바닐라를 설탕-버터에 넣고 합쳐질 때까지 섞는다.
5. 다른 볼에 밀가루, 베이킹파우더, 소금, 생강, 레몬제스트, 레몬즙 $\frac{1}{4}$컵을 섞는다.
6. 가루류의 반은 설탕 버터 반죽에 섞고 나머지 반은 라벤더 우유에 섞는다.
7. 반죽을 준비해둔 로프팬에 붓고 위에 남은 황설탕 2큰술을 뿌린다.
8. 1시간 동안 구운 뒤, 익은 정도를 확인한다(케이크는 탄력이 있어야 한다).
9. 작은 볼에 마스카포네와 레몬즙 1작은술을 섞는다.
10. 플레인 올드 토스트 스타일로 빵 조각을 굽고 마스카포네를 바른다.

돌처럼 단단해진 빵이 있다면?

완전히 바삭바삭해질 때까지 팬 토스트한 다음
크리미하고 부드럽고 쫄깃한 브라타와 함께 차린다.

짭짤한 스낵과 달콤한 꿈

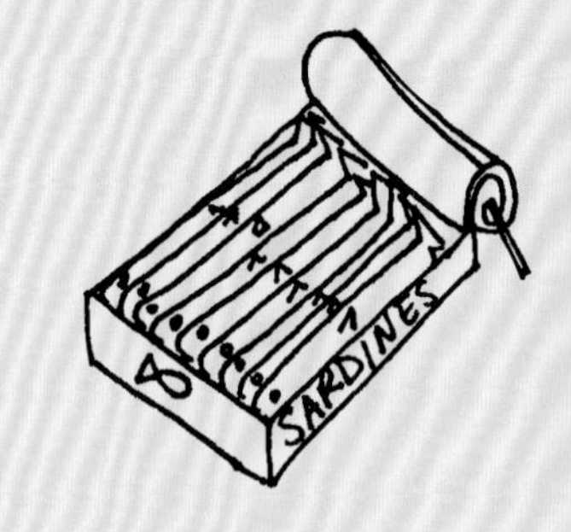

토스터로 구운 빵에 버터를 두꺼운 층으로 듬뿍 바르고…

- 보타르가를 버터를 덮을 만큼 충분히 갈아 올린다.
- 통조림 정어리를 통조림기름과 섞어 으깨서 올린다.
- 위에 앤초비 2~3마리 올린다.

침대 속에서 아침식사 전 전채

빵에 잼을 바르고, 그 위를 치즈로 덮는다. 치즈에 공기방울이 부풀어오를 때까지 토스터 오븐에서 굽는다.

- 블랙베리잼 + 모짜렐라
- 오렌지마멀레이드 + 페코리노
- 딸기잼 + 신선한 염소치즈
- 복숭아잼 + 코티지치즈
  (잼과 치즈를 발라 구운 토스트 위에 코티지치즈를 한 번 더 바른다.)

치즈 토스트 전에 미리 시작하기 또 다른 종류의 간식

- 플레인 토스트 + 볶은 가지 + 볶은 샬롯 + 시금치
- 페퍼로니 토스트 + 볶은 브뤼셀 스프라우트 + 페코리노
- 머쉬룸 토스트 + 서니사이드업 달걀 + 스리라차

미드나잇 스낵

Midnight Snacks

엄밀히 말하면, 토스트는 언제든지 먹을 수 있는 음식이다. 한밤중에 먹는 빵 한 조각은 휴식을 위한 완벽한 시간에 특별한 포상을 받는 기분이다. 집 안 어딘가에 남겨둔 빵이 있다는 것에 감사하자. 짭짤한 스낵과 약간의 버터는 이상적이고 맛있는 취침 전 진정제가 될 때가 있다. 과일잼과 잘 녹는 치즈는 환상적이다. 그리고 냉장고에 남아 있는 음식이 저녁에 먹고 남은 피자가 전부라면, 그것도 토스트로 생각하고 먹으면 된다. 지금은 어두워서 아무도 모를 테니까.

BIEN
CHATEAU CORDET
MARGAUX
2000

만약 당신이 이 책을
치즈거품이 보글보글 끓는 토스트에 대한 것이라고 생각했다면
꼭 알아둘 것이 있습니다 :

마지막 빵은 달콤한 수박과,
최고급 비유까르트 소몽 샴페인을 곁들여,
좋은 친구들과 함께 나누어 먹어요.
즐거운 마음으로. (—D)

지금은 토스트의 시대

요리를 배우기 전에 토스트란 푸드트럭에서 파는, 푸드트럭이라는 말도 좀 화려해보이는, 철판이 설치된 작은 트럭에서 마가린을 듬뿍 녹이고 빵이 구워지는 동안 옆에서 채소가 들어간 달걀 무침을 완성해 컵에 담아주는 음식이었습니다. 제 취향은 설탕, 케첩 모두 뿌리지 않은 것이었고, 달걀에 양배추를 곱게 채 썬 것을 넣어 만들어주시는 아주머니의 트럭을 주로 따라다녔습니다.
요즈음은 너무 쉽게 구입할 수 있는 전기 토스터기도 당연히 없었기에 그냥 프라이팬이나 석쇠 위에 놓고 구워서, 딸기잼이나 땅콩버터를 바르거나 양파를 넣은 달걀부침을 넣은 간단한 토스트는 꼬마일 때부터 종종 만들어 먹은 요리였습니다. 즉 '달걀을 끼운 식빵'이 제 어린 시절의 유일한 토스트였습니다. 햄이니 토스트니 호밀빵이니 하는 재료들은 정말 나중 이야기이지요.

하지만 알고 보니 토스트는 달걀부침이 들어간 빵이 아닌, 좋아하는 빵에 좋아하는, 또는 어울리는 재료를, 먹는 시간이나, 모임의 성격에 맞춰 무궁무진하게 정말 무한대로 발전시킬 수 있는 정말 대단한 요리였습니다. 그리고 누구나 자신만의 토스트를 만들 수 있다는 점에서 요리를 두려워하시는 분들에게도 진입장벽이 낮은 간단함도 있지요. 사실 좋은 재료 2~3가지로 간단히 만들 수 있는 요리가 가장 좋은 요리 아닌가?라는 생각을 요리를 오래 하면 할수록 하게 됩니다.
우리들도 주변에 있는 재료들로, 나만의 이야기가 담긴 토스트를 얼마든지 만들 수 있습니다. 창의적인지는 모르겠으나 저도 영국유학 시절 식빵에 고추장을 바르고 김을 얹어 먹은 적이 있습니다. 룸메이트들이 쌀 알러지가 있어 어쩔 수 없이(?) 만든 요리이지만 요즈음은 베이컨을 바짝 볶아 고추장 바르고 양상추 듬뿍 얹어 토스트를 만들곤 합니다. 토스트는 재료가 풍부하지 않아도 순발력 있게 만들 수 있어 좋고, 간편하며 조금만 더 신경쓰면 탄수화물과 단백질, 무기질을 비롯한 다양한 영양소를 섭취할 수 있어 영양적으로도 장점이 많습니다. 그리고 어떤 종류의 빵을 사용하는지, 위에 얹은 재료들이 소박하든 고급이든, 어떤 문화권에서 온 재료를 얹느냐에 따라 간식부터 멋진 파티의 전채까지 다 가능합니다. 이 토스트의 장점은 이제 더더욱 널리 알려져, 토스트 프랜차이즈들도 다양해지고 맛도 더더욱 업그레이드 되어가고 있습니다.

저자는 빵에 대한 열정에 여행, 가족, 개인의 생활을 입혀 정말 창의적인 토스트를 가득 만들어냅니다. 이 책의 멋진 점은, 저자의 토스트 아이디어를 나만의 것으로 바꾸기 쉽다는 점입니다. 빵을 어떻게 구울지, 무엇을 바를지 정답은 없습니다. 여기에서 아이디어를 얻고 여러분들만의 토스트를 만들어보세요.

여행지에서의 추억을 기억하며 토스트를 만들고, 그리고 친구들과의 즐거운 추억을 만드는 시간에도 토스트가 함께한다니 정말 근사하지요? 특히 지금은 토스트의 시대인 것이, 예전과는 비교할 수 없을 만큼 다양한 빵, 전문가와 장인들이 만드는 빵들을 마음만 먹으면 구할 수 있고, 아보카도나 햄, 치즈와 같이 속을 채울 수 있는 재료들도 그렇습니다. 토스트에 어울릴 만한 와인이나 맥주 등을 구할 수 있는 폭들도 넓어졌습니다. 커피는 더 말할 필요도 없구요. 저는 주로 발라 먹는 것에 좀 집착하는 편이라 처트니, 잼, 각종 견과류로 만드는 버터를 종종 만듭니다. 입이 작아서 너무 높은 토스트는 힘들어 반을 접거나 돌돌 만 형태로 만들기도 합니다.

여러분들도 자신만의 토스트를 만들어보세요.
좋아하는 재료와 종종 가는 베이커리의 최애 빵의 리스트를 함께 적어보세요. 수많은 경우의 수가 나오지 않을까요? 모양이 예쁘지 않아도 상관없습니다(책에 나오는 토스트도 다 자유형으로 생겼잖아요). 어디 놀러 갔을 때, 그 지역의 빵이나 특산물을 사서 조립해보면 세상에 하나밖에 없는 여러분의 여행 토스트가 탄생하겠죠? 매일 생활 속에서 창의력을 이용하고 입과 마음도 즐거운 일, 바로 여러분들의 토스트를 만드는 것입니다.

차유진(요리 작가)

• 이 책에서 사용한 계량 단위는 다음과 같습니다.

⅛작은술 = 0.5ml	1큰술 = 3작은술 = 15ml	8큰술 = ½컵 = 120ml
¼작은술 = 1ml	2큰술 = ⅛컵 = 30ml	10 ⅔큰술 = ⅔컵 = 160ml
½작은술 = 2ml	4큰술 = ¼컵 = 60ml	12큰술 = ¾컵 = 180ml
1작은술 = 5ml	5 ⅓큰술 = ⅓컵 = 80ml	16큰술 = 1컵 = 240ml

한입 토스트의 행복

초판 1쇄 인쇄 2020년 4월 5일 | **초판 1쇄 발행** 2020년 4월 10일
지은이 질 도넨펠드 | **옮긴이** 차유진
펴낸이 오연조 | **디자인** 성미화 | **경영지원** 김은희
펴낸곳 페이퍼스토리 | **출판등록** 2010년 11월 11일 제 2010-000161호
주소 경기도 고양시 일산동구 정발산로 24 웨스턴타워 1차 707호
전화 031-926-3397 | **팩스** 031-901-5122 | **이메일** book@sangsangschool.co.kr

한국어판 출판권 © 페이퍼스토리 2020

ISBN 978-89-98690-41-0 13590

* 페이퍼스토리는 ㈜상상스쿨의 단행본 브랜드입니다.
* 이 도서의 국립중앙도서관 출판예정도서목록(CIP)은 서지정보유통지원시스템 홈페이지(http://seoji.nl.go.kr)와 국가자료공동목록시스템(http://www.nl.go.kr/kolisnet)에서 이용하실 수 있습니다. (CIP제어번호 : CIP2019026426)

BETTER ON TOAST
Copyright © 2015 by Jill A. Donenfeld
All rights reserved

Korean translation copyright © 2020 by Sangsang School Publishing Co.
Korean translation rights arranged with HarperCollins Publishers through EYA(Eric Yang Agency).

이 책의 한국어판 저작권은 EYA(Eric Yang Agency)를 통한 HarperCollins Publishers사와의 독점 계약으로 ㈜상상스쿨이 소유합니다. 저작권법에 의하여 한국 내에서 보호를 받는 저작물이므로 무단전재 및 복제를 금합니다.